本书受以下课题资助

辽宁省教育科学规划青年科研骨干专项课题《以培养创新人才为基础的高校思想政治理论课教学研究》阶段性成果 项目编号：JGZXQDB004

2014 年国家级大学生创新创业训练计划项目《"双微"与大学生思想政治教育的对接性研究》阶段性成果 项目编号：201410166014

2015 年省级大学生创新创业训练计划项目《我国新农村建设中土地集约化经营存在的问题与对策研究》阶段性成果 项目编号：201510166021

校级教改项目《基于创新人才培养的高校思想政治理论课教学研究》阶段性成果 项目编号：JG2015-ZD028

西方传统伦理——道德关系的演进逻辑与马克思的变革方式

刘丽 ◎ 著

中国社会科学出版社

图书在版编目(CIP)数据

西方传统伦理—道德关系的演进逻辑与马克思的变革方式/
刘丽著.—北京:中国社会科学出版社,2015.7
ISBN 978 – 7 – 5161 – 6355 – 9

Ⅰ.①西…　Ⅱ.①刘…　Ⅲ.①伦理思想—研究—西方国家
Ⅳ.①B82

中国版本图书馆 CIP 数据核字(2015)第 147085 号

出 版 人	赵剑英	
责任编辑	赵　丽	
责任校对	闫　萃	
责任印制	王　超	

出　　版	中国社会科学出版社	
社　　址	北京鼓楼西大街甲 158 号	
邮　　编	100720	
网　　址	http://www.csspw.cn	
发 行 部	010 – 84083685	
门 市 部	010 – 84029450	
经　　销	新华书店及其他书店	

印刷装订	北京金瀑印刷有限责任公司
版　　次	2015 年 7 月第 1 版
印　　次	2015 年 7 月第 1 次印刷

开　　本	710×1000　1/16
印　　张	11.5
插　　页	2
字　　数	202 千字
定　　价	39.00 元

凡购买中国社会科学出版社图书,如有质量问题请与本社联系调换
电话:010 – 84083683

序：关于伦理和道德的几点感想

王国坛

关于伦理和道德之间的关系，我没有广泛深入的研究，倒是受到一些思想家的启发，对这个问题有些感想而已。刘丽同志在博士论文选题的时候，我建议她对这二者的关系做一些研究，她最终采纳了我的建议。论文初稿完成的时候，我看了一遍，感觉对一些问题做出了较深入的思考，有一定成果。当然，这是一个初步探索，也有不完善之处，尚需进一步研究。在论文准备公开出版之际，她约我写一篇序，我也只能粗略地谈一点感想，不当之处在所难免。

在我们的传统观念和话语体系中，伦理和道德是不做什么区分的，把二者看成是一回事，"伦理道德"两个词混在一起使用。话语上的模糊，可能意味着思维上模棱两可、不够深刻。当然，在没有深入研究的情况下，倒也看不出其中有什么不妥之处。但是，偶尔遇到一些现实生活中的问题，就显得不知所云，比如，"不准杀人放火"，人们说这属于法律约束范围的问题，不是伦理道德问题；又如"不准打人骂人"，这个问题在尚未触犯法律的前提下，法律无法约束，于是便归属于伦理道德问题。在实际的教学研究和工作中，人们有意识地把法律和伦理道德区别开，并自信能够区分二者的界限。但是作出这样的区分是无益于问题的深入思考的，因为这种区分并没有指出问题的实质。接下来的问题更是难以解释清楚。有这样一些情况，个别人明明知道有各种各样的"不准这样、不准那样"的规章制度，却仍然屡教屡犯，屡教不改，这时我们通常的做法就是对这个人进行"思想政治教育"。思想政治教育工作就是对一个人讲清道理、晓以利害、提高认识、加强自我约束能

力。但是思想政治教育与伦理道德又是什么关系呢？又如，有的人循规
蹈矩，遵纪守法，从不越雷池半步；有的人有很强的从众心理，别人怎
么说，我就怎么说，别人怎么做，我就怎么做，从未考虑自己的个性是
什么；有的人个性张扬，无视习俗，从不与众人为伍。这些形形色色人
等，其实都属于伦理道德问题，可是我们应该怎样给予理解和解释呢？
再如，在现代管理工作中，人们往往重视的是工作程序的合法性，而忽
略对工作后果好坏的评价；或者说，人们似乎默认，只要程序合法了，
其后果就自然无可挑剔。可是，在现实生活中，有时却是在合法的程序
下，最后产生出了一些不尽人意的后果，甚至是很坏的后果，这是为什
么呢？从伦理道德方面又该如何解释呢？

　　理论上的清晰认识是现实工作取得实效性的前提，也是理论在生活
中发挥作用的前提。其实，上述这些问题如果不能给出合理的解释，理
论就不会产生作用，人们会依旧按照原有的规则和习俗继续生活下去；
但是，如果能够给出令人信服的解释，提供新的认识，理论可能会产生
很强的现实作用，也许会改变我们的生活，说不定会让我们换个活法。
这里的问题是，我们究竟应该怎样去理解伦理和道德的关系问题？这个
想法在我接受了下面几位思想家的启发之后，便愈加感到有深入研究的
必要。

　　首先，引起我思考的是当代法国著名古希腊思想研究专家让—皮埃
尔·韦尔南的一本小册子《希腊思想的起源》，在这本书中，韦尔南对
古希腊思想的起源提出了很多新的认识，特别是对古希腊早期自然哲学
的理解，尤其具有启发性。过去我们把自然哲学看成是人类最早对自然
界进行哲学认识的起点，是一种古代朴素唯物主义思想表现，也是自然
科学意识的早期萌芽。这种理解方式是把我们引向一种以认识论为主导
的思考方向，最终促使我们按照自然科学的方式来理解古代自然哲学。
如果这样理解自然哲学，那它就只能具有博物馆里的古董意义上的观赏
价值，而不会有思想价值，因为它无论如何不会有现代科学的先进性。
韦尔南认为，古希腊早期自然哲学不是像现代科学那样，出于一种把握
和支配自然界的目的而去思考自然现象，与此相反，它"是一种伦理
和政治思考，它试图确立一种人类新秩序的基础"，所以自然哲学对自
然宇宙所做的思考，即对自然宇宙所构想的图景，其实质是把"社会

宇宙图景"① 被投射到自然宇宙上的结果。从这个思路来看，自然哲学是以伦理的眼光来思考自然宇宙的，人们认识自然界的目的，不在于如何把握和支配自然界，而是为了如何在社会生活中建立新的伦理秩序。

据资料记载，古希腊城邦是一个移民城市，城市人口中的外来人口比例很大，流动性也很大。这样一来，城邦就不能像其他"土著"社会那样按照自然形成的权威来建立社会秩序，这些移居而来的陌生人要想在同一个社会中和谐有序地生活，就只能通过平等协商的办法，重新建立社会伦理秩序。但是这些拥有不同信仰、带着不同文化传统的陌生人之间是很难达成共识的，这就需要寻找一个可供共同参照的客观系统。可是，到哪里去寻找这个客观系统呢？于是，那些有头脑的人们看到，那个由千差万别的事物所构成的和谐整体的自然宇宙，便是人们学习的最好对象，人们可以通过向自然界学习来建构一个和谐的社会世界。

按照这种思路理解自然哲学就显得自圆其说了，并且按照这种伦理思维方式来理解古希腊早期哲学，我们才会更好地理解苏格拉底的哲学变革。

其次，对我产生启发作用的是黑格尔。在前面思想的启发下，我又查看了黑格尔对古希腊早期思想的评价，特别是对苏格拉底的评价。以前我们只知道苏格拉底思想在古希腊哲学史上是一个重要的转折点，人们一般称之为前苏格拉底哲学和后苏格拉底哲学。但却不清楚前苏格拉底哲学与苏格拉底哲学以及和后苏格拉底哲学之间的区别与联系，特别是苏格拉底哲学与之前的伊奥尼亚自然哲学之间的区别。黑格尔在《哲学史讲演录》中认为："苏格拉底以前的雅典人，是伦理的人，而不是道德的人。""苏格拉底的学说是道地的道德学说。"他开创了道德哲学。② 由此我感到，对于古代自然哲学，黑格尔与韦尔南的看法基本一致。而对于苏格拉底，他开创了一种道德哲学。这就可以理解苏格拉底所实现的哲学变革：他实现了从伦理理性向道德理性的转变。由此我

---

① ［法］让—皮埃尔·韦尔南：《希腊思想的起源》，秦海鹰译，生活·读书·新知三联书店1996年版，第5页。

② ［德］黑格尔：《哲学史讲演录》（第2卷），商务印书馆1960年版，第42—43页。

也感觉到了，伦理和道德应该是两个既有联系又有区别的东西，特别注意到了它们的区别方面。受到这种思想触动后，十年前我曾写过一篇文章《从伦理理性到道德理性——论苏格拉底的哲学变革》，其中汇集了我的部分感想。

关于什么是道德，什么是伦理，黑格尔进一步解释说："道德的主要环节是我的识见，我的意图……我对于善的意见，是压倒一切的。道德学的意义，就是主体由自己自由地建立起来善、伦理、公正等规定……伦理之为伦理，更在于这个自在自为的善为人所认识，为人所实行。"① 他进一步解释说："善只有通过主观性，通过人的能动性，才能是这样一种东西。……也就是说，善是与主观性、与个人相结合的；也就是说，个人是善的，个人知道什么是善，——这种状态我们就称之为道德。人应当知道公正，并且以公正的意识来做公正的事；这就是道德，这就与伦理分开来了，伦理是无意识地做公正的事的。伦理的（诚实的）人就是这样的，他并不事先考虑到什么是善的，善就是他的品格，是固着在他身上的；而一旦意识到了善，便产生了选择：我究竟是愿意要善呢，或是不愿。"② 简单地总结黑格尔的观点：伦理是人的意识与外部的伦理规定或权威要求基本相适应，当个人意识固定在某种观念上，他会自动地而不需要发挥任何主观能动性地服从外部伦理规范的要求，也就是说，他不会对个人意识与外部规范之间的关系作出任何反思；简单地说，伦理就是人们在某种规范（观念）约束下长期所形成的生活习惯。与此相反，道德却是要对这种关系进行反思，并在这种反思的基础上，每个人通过认识自己身上的普遍性，由自己来建立各种善的规定，用以约束自己。从这种区分来看，道德是一种自由的有意识的生活，而伦理在一定意义上则是对外部规范和权威的盲从。

苏格拉底为什么要进行这种哲学改革呢？一方面，希腊城邦社会是一个早熟社会，它的文明程度较高。可能是因为广泛的地域性交流，促成了它的文明的快速发展。它的文明程度表现在，有较成熟的民主制度、法律制度、政治制度、以及较完备的社会伦理规范体系。比如，在

---

① ［德］黑格尔：《哲学史讲演录》（第2卷），商务印书馆1960年版，第42—43页。
② 同上书，第67—68页。

法庭审判过程中，允许大量公民参与旁听，允许法庭自由辩论，特别是著名的"贝壳法案"，对于一些较大案件，它要求最终由几千名公民通过投放贝壳的方式来判决。其文明程度略见一斑。但另一方面，在这种文明后面还有阴暗的一面，这一方面可以从柏拉图那里得到反映。柏拉图后来在给他的朋友的信中曾表达了对这个社会的不满。

柏拉图年轻的时候曾有过从政的念头，希望通过从政来报效社会。这从他的个人才华和较高的家庭社会地位来看，都符合从政的条件。但后来有两件事打消了这个念头，一是社会腐败，二是苏格拉底的死。他看到，社会中的人们从不关心灵魂的事，一任放纵欲望，只顾捞取物质利益。特别是他的老师苏格拉底的死，对他的触动最大。他认为，苏格拉底是雅典城邦最诚实、最正直的人，他怎么会被法庭无辜判处死刑呢？后来苏格拉底的另一个学生色诺芬（他曾在军队当将军，退役后，听说他老师被法庭判处死刑，心中异常惊愕与愤慨）为此专门写了一本书《回忆苏格拉底》，描述了苏格拉底的生活和道德品质。他在本书开篇就说："我常常感到奇怪的是，那些控诉苏格拉底的法官们究竟用了一些什么论证说服了雅典人，使他们认为，他应该由城邦判处死刑。"[1] 他认为："苏格拉底是一个能以微薄的收入而生活得最满意的人，他对各种享乐都能下最克制的功夫，他能随心所欲地用他的论证对待一切和他交谈的人。"[2] 这样一个人，怎么会在公开民主的雅典法庭上被判处死刑呢？这是历史上一桩典型的公案，值得人们深思！

我们重新回到苏格拉底那里，谈论他为什么要进行哲学改革。根据上述描述，我们初步可以触摸到这个社会的基本现状，即这个社会尽管有较为规范的民主的政治法律制度、有较完备的伦理习俗规范，但仍然不能保证社会生活的和谐公正。究其根源，关键在于人们对自己的生活缺少反思，对自己的行为缺少自觉意识，也就是，对于什么该说，什么不该说；什么该做，什么不该做，缺少自己的判断，因而对自己的行为缺少自我约束。由于人们对社会现实的一切过于麻木、过于盲从，所以才出现把一个最诚实、最正直的人判处死刑的事情发生。色诺芬认为，

---

① ［古希腊］色诺芬：《回忆苏格拉底》，吴永泉译，商务印书馆1986年版，第1页。
② 同上书，第9页。

这是由于广大民众过于麻木和盲从，才给那些少数别有用心的人以可乘之机。所以苏格拉底才告诫人们要"认识你自己"，"一种没有反思的生活是无意义的"。他要人们关心灵魂、关心美德，美德是人生中最重要的事情。这种美德不在于盲目服从外在的伦理原则和权威，而在于听从内心的召唤，也就是从自己的心灵中发现普遍的原则和真理，用于约束自己。这就是一种自由、一种道德理性。黑格尔总结道："苏格拉底的原则就是，人必须从他自己去寻找他的天职、他的目的、世界的最终目的、真理、自在自为的东西，必须通过他自己而达到真理。这就是意识复归于自己。"①

认识自己或意识复归于自己，其本意是希望每个人都能消除盲从和麻木，从而每个人的理性意识实现自我觉醒。学界认为，苏格拉底首次开启了西方启蒙运动。但道德哲学的这种强调，有时会使人走向极端，就是过分地强调个性原则。而过分地突出个性原则，就会显得与众人、与社会伦理习俗等格格不入。这就是我们常说的有个性的人、古怪的人。后来，亚里士多德看到了这一点，即如果每个人都很个性的话，那么就很难形成一个和谐社会，所以他在《尼各马可伦理学》中认为，德性就是去选择中间之点，就是适度，认为"过度与不及都破坏完美，唯有适度才保存完美"。② 所以"在适当的时间、适当的场合、对于适当的人、出于适当的原因、以适当的方式感受这些感情，就既是适度的又是最好的。这也就是德性的品质"。③ 按照亚里士多德对德性的看法，他实质上是要求人们在伦理理性和道德理性之间寻找平衡，或实现二者的统一。自此，古希腊的伦理与道德的关系在亚里士多德这里完成了一个发展圆圈。自此以后，伦理和道德的关系在新的历史条件下，又开启了新的发展循环。

近代伦理道德的发展循环似乎是在马基雅弗利、康德和黑格尔之间完成的。关于这一发展循环的认识，一定程度上是受到美国当代伦理学家阿拉斯代尔·麦金太尔的启发。

---

① ［德］黑格尔：《哲学史讲演录》（第2卷），商务印书馆1960年版，第41页。
② ［古希腊］亚里士多德：《尼各马可伦理学》，廖申白译注，商务印书馆2003年版，第46页。
③ 同上书，第47页。

　　麦金太尔在对西方现代性的追根溯源中，推进了亚里士多德的德性伦理学的当代复兴。在复兴德性伦理学的过程中，自然少不了对西方现代性问题的深刻反思和对亚里士多德以来的伦理学历史的重新梳理。他的《伦理学简史》和《德性之后》两部著作就是通过重新梳理历史来阐明复兴德性伦理学之必要性的著作。他认为："马基雅弗利是现实政治的第一个理论家。"① 也就是说，马基雅弗利是把伦理学与政治学统一起来去思考社会治理问题，他的这种思想取向是与当时意大利半岛的历史条件紧密相连的。

　　据说，马基雅弗利时代的意大利是处在一个四分五裂、各自为政的封建割据状态，如何实现国家统一是那个时代的主题。在思考这个主题时，他受到一些政治家们的启发，即这些政治家们在实现统一过程中，总是大搞阴谋诡计、不择手段，否则，他们就很难达到目的。这种现实政治的操作经验对于马基雅弗利的启发是，传统的以善为目的的德性伦理学是无益于实现国家统一的，对于实现国家统一，赢得社会繁荣和秩序，真正有效的手段是国家权力。所以拥有一支强大的军队，建立强大的国家权力是整个社会政治生活的目的，道德原则只是某种技术性规则，是达到掌握权力这一目的的手段，而他的道德理论是建立在这样的前提假定基础上的：即所有的人在不同程度上都是堕落的。这就是说，为了达到某种目的，可以达成某种君子协定；同样，在某种条件下，为了达到目的，也可以单方撕毁君子协定，这都是合理的。伦理学与政治学之所以可以统一起来，就是因为随着国家权力的日益强大，社会普通公民的道德选择越来越受到国家权力的左右和影响。由于马基雅弗利强调，为了达到某种政治目的，可以不择手段，因而似乎我们可以把他的伦理学概括为一种"政治功利主义伦理学"。

　　与这种"政治功利主义伦理学"相联系的是"功利主义伦理学"或"情感主义伦理学"，这种伦理学把传统伦理学中的"善"理解为自己感觉的快乐和满足，即从感觉上的快乐和痛苦来判断和区分善和恶，并且假定人都有趋乐避苦的特点。由此便形成了这样一种观念：每个人

---

　　① ［美］阿拉斯代尔·麦金太尔：《伦理学简史》，龚群译，商务印书馆2003年版，第177页。

出于自己的私人利益、为了满足自己的快乐，可以大量占有财富，使之成为个人自由支配的私人财产，这是完全合理的要求。从这种观念来看，这种伦理学的内涵中，既有功利主义的特点，又有情感主义的特点。不仅如此，就这种伦理学出于快乐的目的而要求对自己的私人财产可以自由支配并希望通过自由竞争来达到占有财富的目的这一点而言，它也是一种"自由主义伦理学"，也就是说，它承认每个人都有占有财富、追求快乐的自由权利，并要求社会赋予每个人这种自由权利。当然，在现实的生活经验中，这种自由主义也意识到自己权利的界限，即在追求自己的财富和快乐的同时，不能破坏他人的权利。所以他人追求财富和快乐的权利就成为自己的界限。于是西方社会便热衷于制度建设，通过制度来规范每个人的权利界限，使每个人追求快乐的权利不受他人干扰。对于这种自由主义或快乐主义的批判，正是康德的道德形而上学的起点。

黑格尔认为，自苏格拉底之后，真正复兴道德理性的是康德。康德运用他的强大的分析力量，透过浮华幸福的感性生活现象，发现了其背后深层的人性禀赋。他说："人们是为了另外的更高的理想而生存，理性所固有的使命就是实现这一理想，而不是幸福，它作为最高的条件，当然远在个人意图之上。"① 善良 "这一概念为自然的健康理智本身所固有，故而不须教导"。② 之所以说康德复兴了道德理性，是因为康德与苏格拉底一样，从人自身当中寻找人生的意义和目的。他认为人生目的不是追求幸福，而是追求崇高和尊严。所谓幸福就是对"需要和爱好的全部满足"；③ 所谓尊严是指人能够尽到自己的一切责任。这种责任不是一般的由外部赋予的职责，而是人按照自己所确立的自律原则进行活动的必然性。也就是人能够排除一切需要和爱好以及一切外在目的的驱使，无条件地按照自己的自律原则进行活动。"自律性是道德的唯

① ［德］伊曼努尔·康德：《道德形而上学原理》，苗力田译，上海世纪出版集团2005年版，第11页。
② 同上书，第12页。
③ 同上书，第21页。

一原则。"① 人能够无条件地按照自己的自律原则活动，就是崇高的、有尊严的。这就是人生的最高目的或意义所在。而要实现这一目的，就需要发挥自己的主观能动性，这种能动性是有具体内涵的，它不是指由人的需要和爱好所产生的"自然意志"，这种意志不属于人的，而是属于"物件"。② 而属于人的能动性或意志的是那种能够遵循普遍理性法则的意志。康德把理性意志和自然意志之间的斗争、或者责任与爱好之间的冲突，称之为"自然辩证法"。③ 一方面，理性意志按照普遍理性法则的要求坚决贯彻自律原则；另一方面，自然意志无休止地缠绕理性意志，不断提出各种无理要求，向理性意志的纯洁性和严肃性提出挑战。康德认为，在人身上，灵魂和肉体进行着无休止的战争。当然，如果理性意志能够战胜自然意志，能够使人崇高而有尊严地生活，便会形成一种内心喜悦和深沉的宁静，这是真正的幸福。

康德之所以要复兴道德理性，主要是因为他不满于当时流行的快乐主义伦理学。这种快乐主义不仅不能使人幸福，而且还可能带来痛苦和烦恼，因为无止境的需要和无休止的竞争，必然造成"一切人反对一切人的战争"。消除痛苦和烦恼，寻找一种真正的幸福感，这是康德道德理性的现实追求。但黑格尔认为，康德的道德理性仍然是片面的、形式主义的东西，他很难实现那种真正的幸福，因为康德主要关注了作为形式方面的普遍理性法则作为道德理性的原则，而忽视了作为内容方面的道德理性自身发展问题。黑格尔通过重新理解辩证法思想，把伦理与道德统一起来，完成了近代伦理哲学的发展圆圈。

黑格尔认为，任何事物都是一个自身发展过程，整个世界以及每个人也都是如此。他把整个世界的本质理解为绝对精神或绝对理念，而每个人的精神则是绝对精神的现象。绝对精神的发展过程遵循着逻辑学规律，同样，人的精神也同样遵循逻辑学的规律。而伦理作为客观精神，道德作为主观精神，是人的精神发展的重要方面。他在《法哲学原理》中具体阐述了伦理与道德之间的关系。这二者的关系按照辩证法或逻辑

---

① ［德］伊曼努尔·康德：《道德形而上学原理》，苗力田译，上海世纪出版集团 2005 年版，第 62 页。

② 同上书，第 47 页。

③ 同上书，第 21 页。

学的方式演变着。

黑格尔在这部著作中谈了三重关系：抽象法、道德和伦理。他认为法作为人的精神现象，是人的自由意志的最抽象的表现形式。因为法只是通过所有权的形式使人的意志体现于物内，即人只是在对物的占有中确证了自己的自由意志。而对于意志本身来说却没有什么规定性，因而是抽象的。在法的进一步演变中，由于涉及与他人的关系，所以不免有违法现象，以及刑罚。违法表面看来是个人在扩张自己的意志过程中伤害了他人的权利，同时，也伤害了自在的普遍意志，所以自在的普遍意志与自为的个人意志之间的冲突，便引起了从法向道德的过渡。道德是自在自为的意志，是主观意志的法。① 道德理性在自己的反思中自觉地认识到自在的普遍意志与自为的个人意志之间的差别，从而扬弃这种差别，使二者达到同一。只是道德还是纯粹的主观活动，还没有达到以意志的理念为内容。但是在道德活动中，由于普遍意志在各种具体活动中得到不断反思，使人自身中作为普遍理性法则的善和良心得到唤醒和发现，这时，个人意志便发现自身的主观性的片面性，而提出现实性的要求，于是便促成了从道德向伦理的过渡。"伦理是自由的理念。它是活的善，这活的善在自我意识中具有它的知识和意志，通过自我意识的行动而达到它的现实性。"② 自此，伦理理性经过家庭、市民社会和国家的历练，使外在法和各种伦理规范不断地扬弃于自我意识之中，使外在僵化的伦理规范变成活的善，从而达到主观与客观、伦理与道德的统一。进而使个人意志不断向意志的理念复归。黑格尔声称自己的哲学是国家哲学，即为国家服务的哲学。

黑格尔作为近代哲学的集大成，在现代哲学家中却褒贬不一。怀特和艾耶尔都认为，整个 20 世纪哲学都是以批判黑格尔起家的。但伽达默尔深有感触地说，对于黑格尔的巨大工作，后来者很难企及；虽然人们以不同方式批判黑格尔，这只不过是人们以特有的方式在他身边流连而已。

---

① ［德］黑格尔：《法哲学原理》，范扬、张企泰译，商务印书馆 1961 年版，第 110—111 页。

② 同上书，第 164 页。

　　马克思虽然反对黑格尔的国家哲学，也不以伦理和道德的概念形式去表达自己的思想，但他却声称自己是黑格尔的学生。海德格尔也认为，没有黑格尔，就没有马克思。我们应该如何去理解马克思的伦理道德思想呢？这显然是个问题。刘丽同志在这个方面有较多阐述，形成了自己的看法，在此不加赘述。但有些问题仍有待于深入研究，比如，麦金太尔认为马克思在伦理道德问题上有两个重大遗漏：一是道德在工人阶级运动中的作用问题；二是社会主义和共产主义社会的道德问题。①应该如何回答麦金太尔的看法？当麦金太尔在 20 世纪 80 年代提出《德性之后》的时候，这究竟意味着什么？应该如何理解当代的伦理与道德的关系？马克思哲学在当代伦理道德建设中将如何发挥作用？等。希望她能有新成果出现。

2014 年 7 月于沈阳

---

　　① ［美］阿拉斯代尔·麦金太尔：《伦理学简史》，龚群译，商务印书馆 2003 年版，第281—282 页。

目　录

第一章 绪论

一 问题的提出

伦理学是最古老的学科之一。几千年间，伦理学的研究可谓是多姿多彩，不同的时代、不同的哲学家对伦理学有着不同的理解。关于"伦理"和"道德"概念的界定可以说是众说纷纭。伦理—道德现象是人类社会中普遍存在的一种社会现象，是人类通过自身的生活实践不断自觉的反省、自我完善的结果。因此，澄清伦理—道德的关系问题，既有理论意义，又有实践意义。

在中国，尧舜禹时代就有了对道德的渴求与思考，在西方，其源头可追溯到古希腊的荷马时代。在古希腊，人们对道德的思考起源于人们总是想追问人应该怎样生活，怎样与他人相处等问题。然而，在苏格拉底之前，伦理学的特点呈现出神话般的和宇宙学的特点。人们总是想从外在的神谕、戒律或是某种统一于宇宙的神秘力量或逻各斯中引出道德的依据。并没有真正从人的社会生活领域出发来理解道德。此时我们可以把这种道德理解为一种伦理理性，这种伦理理性缺乏一种内在的自我约束能力，从未反思自己究竟为何这样去做，只是盲目地遵循外在的规定行事。苏格拉底作为西方伦理学的奠基人，他把伦理学与哲学结合起来，从认识论出发，探索人生的价值、人生意义等伦理道德问题，注重人的内在自觉和道德思考；从外在的伦理理性逐渐向人的内在道德理性转向；从自身之中寻求生活的意义和真理，不但要知道怎样做，还要知道为何要这样做。然而，时代的桎梏、人们的不解、苏格拉底的坚持，导致了人们无法理解苏格拉底的想法，并把苏格拉底的思想看成是不敬神、教坏青年的异端邪说，最终导致了苏格拉底之死，在这看似民主的决策中，似乎又处处显露着不公、不正。黑格尔说："雅典人民主张他们的法律是公正的，他们坚持自己的习俗，反对这种攻击，反对苏格拉底的这种伤害。苏格拉底伤害了他的人民的精神和伦理生活；这种损害性的行为受到了处罚。但是苏格拉底也正是一个英雄，他独立地拥有权利，拥有自我确信的精神的绝对权利，拥有自我决定的意识的绝对权利。"① 在 "这里有两种力量在互相对抗。一种力量是神圣的法律，是朴素的习俗——与意志相一致的美德、宗教，——要求人们在其规律中自由地、高尚地、合乎伦理地生活；我们用抽象的方式可以把它称为客观的自由，伦理、宗教是人固有的本质，而另一方面这个本质又是自在自为的、真实的东西，而人是与其本质一致的。与此相反，另一个原则同样是意识的神圣法律，知识的法律（主观的自由）；这是那令人识别善恶的知识之树上的果实，是来自自身的知识，也就是理性；——这是往后一切时代的哲学的普遍原则"②。这两种力量的冲突，其实就是伦理与道德的冲突。虽然，后来柏拉图和亚里士多德都试图将二者结合起来，并初步完成了伦理理性与道德理性的统一。但是，由于历史的原因，理性至上的无限追求，使人们对伦理道德的思考缺乏实践，并没能从人们的现实生活出发来理解伦理与道德，而是把一切都归于上帝，归于至善。

随着希腊文明的不断衰退，历史的不断更迭，社会动荡不安，理性也逐渐失去了往日的光彩，感觉主义、怀疑主义和神秘主义盛行。经过漫长的中世纪神学的统治，伦理与道德的发展也均在神学的统摄之下。随着生产力的发展和文艺复兴的影响，人们开始重新从人的身上思考伦理道德问题，关心人的尊严、价值和权利。而此时，马基雅维里的"非道德主义"的伦理思想，打破了西方一直以来以道德作为政治基础的传统，使政治学成为一门独立的学科。政治作为伦理理性的一种延伸，在马基雅维里这里统一于至善之下和神学之下的道德与伦理自此被分开，对以后伦理学的研究产生了深远的影响。

此后在近代知识论的原则影响下，伦理道德研究一方面注重感觉经

① ［德］黑格尔：《哲学史讲演录》第 2 卷，贺麟译，商务印书馆 1997 年版，第 104 页。
② 同上书，第 44—45 页。

验，而另一方面强调理性，因此就出现了休谟的情感主义的道德原则和康德的纯粹实践理性基础上的道德形而上学。休谟认为只有情感才最真实的，道德的本质就是情感，道德是被感觉的，不是被判断的。然而，休谟的理性与感性的分离，使休谟陷入了两难境界，最终走向了怀疑主义。而康德却独举理性大旗，认为经验的东西是不可靠的，是没有一个普遍标准的，这种普遍性只能从人的理性中来寻找，看看人是否具有一种先天的认识形式。最终，他找到了人的自由存在的基础，就是道德的纯粹实践理性。但是康德的道德原则的实现却与现实生活相分离，因此不得不以三大悬设来弥补这一不足，也正是因为康德的德性与幸福相分离，使得康德的道德原则成为一种形式主义，不能解决现实生活中的实际问题。因此，黑格尔提出应该正确区分伦理与道德，黑格尔认为：“伦理是自由的理念。它是活的善，这活的善在自我意识中具有它的知识和意志，通过自我意识的行动而达到它的现实性；另一方面自我意识在伦理的存在中具有它的绝对基础和起推动作用的目的。因此，伦理就是成为现存世界和自我意识本性的那种自由的概念。”① 并把伦理看成是一种生活秩序，一种自由精神。道德却是主观的，是一种自在自为的自由，只有伦理才是主观与客观的统一。但是，伦理与道德相互统一的基础，在黑格尔看来是绝对理性，而这种绝对理性本身却只是一种精神，不具备将二者合一的机能。因此，马克思提出了要在感性活动的基础上，在实践中去理解伦理与道德的含义。马克思不是从某一个道德观念出发，也不是从某一个神秘的启示出发，而是在人们社会历史发展中，在人们的现实生活中来理解道德的活动及其道德的本质。马克思认为人类的本质就是自由自觉的劳动，因此，道德作为人的一种本质力量就是在实践中生成和发展的，伦理作为一种社会规范也正是在实践基础上道德观念的一种外化产物，这样一来便为伦理与道德找到了统一的实践基础。只有在感性活动的基础上才能真正实现道德与伦理的统一。劳动创造了人，使人成为真实的人，在生产劳动中人才是自由的，才能自愿地遵守外在的伦理制度，又能真正的自觉自愿地以这样的标准来要求自己。把外在的准则规范，内化为人内在的一种自觉自愿的活动。向人

---

① ［德］黑格尔：《法哲学原理》，商务印书馆1961年版，第164页。

的生活世界回归，实现人的全面自由发展。

随着西方思潮的不断涌入，人们越来越多地受西方思想的影响，只是盲目地去遵循外在的规章制度，并不是真正从内心深处去理解和自觉的反思，究竟我们为何要这样做。甚至出现了一些对外在的伦理规范不予理睬，反其道而行之的现象。随着改革开放的不断深入，人们受西方个人主义、拜金主义和享乐主义的影响，只追求个人的利益，而无视他人的利益，只追求金钱，而无视人的真正价值，只注重享乐，而无视劳动的快乐。特别是受市场经济趋利性的影响，人们的道德底线一次次被冲破，为了利益而不择手段，各种欺诈、诚信缺失、违法等现象不断出现，使人们的道德建设面临前所未有的挑战。人们只是盲目地遵守外在的法律、规范、原则、戒律等，而不知道为什么要去遵守，而只是把它表面化，并未深入人的内心深处，从自我的内在去寻求为何要这样做。没有把外在的伦理规范内化为自己的内在自觉，形成一种自由自觉的活动。只有当人们把外在的伦理规范不断内化于心，才能使人们自愿自觉地遵守这些外在伦理对人们的限制与规定，而不单单是因为害怕法律的制裁或其他的原因而表面化的遵守。伦理要想成为真正的伦理，就必须要有道德反思的参与，而道德要想成为现实，就必须向伦理过渡。

因此，面对社会上出现的种种不良现象，我们更应该在学理角度上分析和讨论伦理与道德的异同，帮助我们从理论上给予更多的支持与指导。实际上，伦理与道德二者是既有区别又相互联系。从语义学的角度来看，道德一词源于拉丁语 mores，本意就是指人的自我品德和性格形成中所应该遵守的规范、风俗习惯。伦理一词源于古希腊文"ethos"，原意含有风俗习惯、道理等意思。虽然道德和伦理在词源学上十分相似，又都是调节和规范人们行为的道德准则。但二者还是存在着区别，伦理主要是阐释一个人与他人之间关系的规范，强调人伦关系。这些关系是外在的、客观的，因此伦理主要是相对客观层面的。伦理是处理人与人之间关系的一种客观的、他律的行为规范。道德主要是阐释个人的，是自己对自己的认识、反思。注重德性的内化，通过伦理阶段所形成的具有客观性的道德，必须把它变成自己内在的一种规范，一种德性的要求，在人自身内产生一种道德自觉。道德是相对主观层面的，是一种内在的、主观的、自律的行为，人们通过意志自觉、自律约束，以便提高自己的精神境界。因此我们也可以这样理解，伦理是指外在的行为规范，是人与人之间关系调节所应该遵循的道理。道德则是一种内在的本质表现，是自己对自己的要求，是提高自我觉悟和道德素养的内在自觉。虽然在这方面，中国很多伦理学家做了大量的研究，也提出了一些关于伦理与道德观点，但是，一般只是从概念上简单地加以区分，或者是从道德的概念发展或其他伦理学家对二者的解释的基础上来谈的。从伦理与道德关系的发展角度谈得不多，而本书正是从西方传统伦理道德关系的演进逻辑入手在道德与伦理分分合合中，呈现出西方伦理从形而上到形而下的历史逻辑过程。并以此为切入点阐释马克思的变革方式，为马克思主义哲学研究增加新的理解视域。

理论上的研究，不但可以丰富成果，还能够指导实践。中国进入社会转型期，需要更加先进的、能够符合中国国情的道德体系来指导改革开放的实践。中国的社会主义道德体系的建设，既要考虑到传统文化的影响，又要考虑到与社会主义市场经济相协调的需要。一个国家不能没有自己的民族文化，不能没有根基，何况中国是一个有着悠久、灿烂文化的国家。因此要注重传统文化的继承与发扬问题，做好当代道德建设与传统文化的有利承接。此外，这种道德建设又要能够指导社会主义市场经济，增添新的内容，与之相适宜。这就需要自律与他律相结合、内外兼修，在传统文化的基础上，建立与社会主义市场经济发展相适应的道德体系。本书也正是在伦理与道德关系的研究中，力求找到突破口，为当代伦理精神的重塑提出些许建议，进一步增强中国社会主义道德建设的实效性和针对性，在实践中不断培养人们的高尚情操，塑造完善的人格，提高全民族的思想道德素质。

总之，伦理与道德的发展始终处于不断变化之中，加之又与政治、经济、文化等诸多层面相联系，所以对伦理道德的研究出现了争议和对立的观点。道德与伦理是在相互激荡、相互冲突中不断地前进。道德如果不是从其所依据的社会关系出发而生成，就不能成为现实的品质，也就不会对现实的伦理关系发生影响，实际上也就无法发挥道德的真正作用。道德也就成为一种脱离现实和历史的，单单是为了压制人性、私欲的一种规范形式，仅仅把人的道德理解为内在价值、内在追求与内在超验的实践。因此必须在伦理的基础上来理解道德的含义，伦理是道德的客观化结果，而道德则是通过把社会伦理规范不断内化为自己的主观意志，以不断改造人的自然意志的过程。如果我们继续滥用、混淆或等同伦理与道德两个概念，就会在理论研究和实践上陷入困境。所以在当代社会，只有正确理解伦理与道德的含义，厘清伦理与道德的演进逻辑，才能准确把握伦理—道德关系在西方哲学中的分流合变，而且对于在改革开放的实践中如何构建社会主义道德体系具有一定的作用和现实意义。众所周知，伦理道德问题是马克思一生都十分关注的内容，因此以伦理道德关系为切入点来理解马克思哲学的变革问题，不仅可以丰富马克思理论研究的内容，而且与马克思追求人的自由全面发展的终极目标相符合。

二　国内外研究现状概述

人们十分关心伦理道德问题，国内外学者都从不同的角度、选题做了相关的研究。下面主要从伦理与道德关系的发展及伦理学研究的新变化两个方面，对已有的文献资料进行清理与总结。

（一）国外研究现状

国外的伦理道德关系的探求主要是在西方哲学历史的展开中对伦理道德关系的发展进行梳理和研究，呈现西方哲学中伦理道德关系发展的轨迹。并结合国外伦理学的发展以及当代伦理研究关注的重点方面进行总结。

首先，从伦理与道德关系的发展方面来看。在西方，伦理学可追溯到古希腊的荷马时代，是人类最古老的学科之一。伦理学的最初思想体现在希腊神话《伊利亚特》和《奥德赛》两部史诗巨著之中。后经自然哲学家们的道德思考和智者运动的影响，伦理学的雏形在苏格拉底这里呈现出来。然而苏格拉底之死，更是反映了当时雅典人伦理与道德的分离，人们只是盲目地遵循着外在的规范和条例，遵守着神的旨意，从未反思自己，自我审视。柏拉图虽然使伦理思想在他这里得到了进一步的深化，但最终没能形成伦理学的系统体系，也就谈不上对伦理与道德的区分，此外他的理想国也成为遥不可及、难以实现的梦想。直到公元前 4 世纪时，古希腊的伟大思想家亚里士多德第一次用实践概念来分析和反思人类的行为，把人类行为的反思和政治活动归为伦理学，使伦理学成为一门独立的学科。虽然在亚里士多德看来，道德主要是个人的德性与追求幸福的问题，而伦理则是表明一种关系，当时主要是指政治关系。但并没有明确的定义或区分什么是道德或伦理。古希腊时期，凡是好的、正当的东西都可以归结为"善"的东西，人们对"至善"的追求是伦理学的最高境界，伦理、道德、政治均统摄在"至善"之下。

中世纪伦理思想主要是对《圣经》的道德观念和伦理原则的论证，主要考虑人与上帝的关系，而不是人与人的关系，主张上帝才是最高的美德，建立人们对上帝的信仰和爱，伦理、道德、政治、法律的发展均在神学的统治之下。经过文艺复兴的启蒙，人们反对中世纪抬高神、贬低人的观点，肯定人的价值、尊严和高贵，道德思考重新回到人的身上，重新重视人与人之间的关系研究。文艺复兴时期正好是西欧各民族国家形成的时期，而意大利此时仍然是分崩离析，马基雅维里希望祖国能够统一，所以他提出政治应该摆脱传统的德性观点和神学的束缚，在政治领域不存在应该和不应该的问题，而只存在如何能够利用权术使国家更加强大，在此之前政治一直以道德作为基础，而在马基雅维里这里由权力替代了道德。他的伦理研究与技术、政治实践相结合。马基雅维里这种"目的决定手段"的理论及现实性和经验性的研究方法影响甚远，以至于在科学迅猛发展的 16—17 世纪，伦理学一方面追求事实、注重经验；另一方面又在追求人的理性发展。

近代出现了由培根、霍布斯、洛克、休谟为代表的带有经验主义倾向的伦理学研究，他们重视感觉、主张用观察和归纳等经验性的方法来研究道德原则和伦理问题，这一研究后来逐渐发展成为功利主义思潮。与此同时以笛卡尔、斯宾诺莎、莱布尼茨为代表的带有理性主义倾向的伦理学研究也在欧洲大陆展开，他们主张通过理性设定和认识普遍原则来演绎和论证伦理思想。随着 18 世纪的法国启蒙运动对理性的高扬和赞美，理性在康德这里得到了极大的发展。康德建立了第一个完整严格的道德形而上学。他认为伦理学应该从人的理性本质入手，才能发现作为目的本身的理性存在物的价值，进一步揭示人们在进行道德选择或行为时所应该遵循的普遍必然性的法则。此时伦理学研究也由经验性的描述和概括到思辨的理性主义的发展，伦理学主要研究伦理关系，而道德哲学研究个人内在抽象活动，"伦理"和"道德"的概念已然隐含在各种伦理思想当中。黑格尔从批判和继承康德的理性主义伦理学中，建立起了庞大的客观唯心主义伦理体系。在《法哲学原理》中第一次正式区分了"道德"和"伦理"，并给二者下了定义，道德作为主观意志的法，直接受意志的支配和影响，在此基础上的道德原则都是至上的和超验性的，而伦理却要考虑社会的现实情况和实际的需求，是一种客观的东西。

马克思批判以往的伦理学总是离开人的社会经济关系、人的历史发展来考察道德问题，要么从人的本性，要么从某种先验的抽象的理念来引出道德的原则，并把道德说成是超验的、永恒的东西。并在此基础上进行了革命性的改造和批判性的继承，提出了人们的道德存在决定道德意识，没有永恒不变的道德，道德都是有阶级性的，并在唯物史观的基础上从人们的社会生活和道德实践出发，采用辩证唯物主义主观与客观相统一、理论与实践相统一的方法，研究整个社会的道德现象，探究人类道德的历史演变及其发展变化的规律，并从根本上把伦理学变成了无产阶级和广大人民群众争取解放斗争的强大思想武器。实现伦理学的伟大变革。

其次，从国外伦理学的发展状况来看。在西方，伦理学的发展可谓是种类繁多、各派林立，对于各种流派的划分也是标准众多，在国内许多伦理学的专家学者对此进行了相关的研究。例如万俊人的《现代西方伦理学史》、刘伏海的《西方伦理学思想主要学派概论》、唐凯麟的《西方伦理学流派概论》、毕彦华的《何谓伦理学》、张应杭的《伦理学概论》等著作。面对众多的划分标准，本书选取与论文相关的或是主要的流派作了简要总结。

西方的传统伦理学主要有亚里士多德的美德伦理学，边沁、穆勒的功利主义伦理学和康德哲学的义务论伦理学。亚里士多德的伦理学与幸福相关，他认为只有拥有德性才能拥有幸福。同时强调人们在美德的实现上要强调中庸之道，追求"至善"。功利主义主要是以人性论为基础，但这种人性论是抽象的，他们只从感性经验出发以能否带来最大多数人的利益来辨别人们行为的善恶。康德伦理学主要是研究道德义务或道德规范的问题，主要是探讨"应该"的问题。但是康德的德性与幸福相分离，使他的理论成为一种空洞的、抽象的形式的东西，无法解决现实的问题。

从 19 世纪到现在欧美的一些国家和地区，出现了许多伦理学流派。例如，唯意志主义伦理学派主要代表人物是叔本华和尼采。这一流派的主要观点是从人的意志出来作为伦理学的出发点，进而说明道德的本质、作用等。叔本华认为，人之所以不断地追求，就是因为人的不足，并因这种不足而感到痛苦。而尼采则认为人的本质在于对权力的追求，他以权力意志作为伦理学的出发点。实用主义伦理学流派主要代表人物有威廉·詹姆士和杜威。他们的主要观点就是实用即有用，只要对人有用就有其存在的道德价值，以实用的原则作为道德评价的标准。弗洛伊德主义伦理学流派主要代表人物是弗洛伊德。在他看来，伦理学的研究其实就是对个人的心灵进行研究，从个人心理的无意识的状态来解释和分析道德现象及道德行为。存在主义伦理学流派主要代表人物是海德格尔、萨特。他们的主要观点是关于人的自由，认为只有自由才能够真正发现道德的价值和道德行为的意义所在。

综合以上几种伦理学的流派，我们发现伦理道德问题一直都是人们十分关注的问题，很多伦理学家对此做了大量的研究，并且在某一时期或某一地方确实起到了它的作用。但是，我们同时也看到了这些理论所存在的不足，与马克思主义伦理思想不同的是，这些流派要么是从某一目的，要么是某一道德现象，要么是某种"绝对命令"或是人的某一个方面来引出道德的规律，来研究道德的现象和道德的本质。这样做一方面割裂了社会存在与社会道德之间的关系，也割裂了经济基础和作为上层建筑的道德之间的关系，这些伦理思想是人们理想化的理论框架，不能解决实际问题，只能是一种美好的道德愿望或理想。因此，马克思克服传统伦理学的不足之处，在历史唯物主义的基础上理解道德现象，从社会的客观存在和实际道德生活实践出发研究道德现象。马克思主义的伦理学是关于无产阶级的道德理论，特别是共产主义道德的科学。主要关注人的本质、人的价值的研究。还有道德是如何形成的，发展的规律是什么？以及共产主义的道德宗旨、作用等方面的研究。马克思主义的伦理思想是帮助人们摆脱被剥削和被压迫的统治，通过自由自觉的劳动，实现人的全面自由的发展，是为广大的人民群众和整个社会的道德水平提高而服务。

当代社会伦理研究所关注的问题。20世纪伦理学的类型问题受到人们的关注，国内外学者比较认可的是伦理学类型的三分法：描述伦理学、规范伦理学和元伦理学。这三种伦理学反映了伦理学研究道德现象的三种不同方法和研究视角。描述伦理学主要从社会的实际状况依据经验描述再现道德现象，其中包括道德社会学、道德心理学。规范伦理学主要侧重道德规范的论证，包括理论伦理学和应用伦理学。而元伦理学主要是运用逻辑语言分析的方法来研究道德现象，包括直觉主义、情感主义和语言分析派三种。描述伦理学属于边缘学科，规范伦理学属于传统的理论形式，而元伦理学则成为当代主要的伦理学研究。元伦理学的创始人摩尔一反过去西方伦理学的传统，把逻辑分析方法引入伦理学，使元伦理学成为20世纪的西方伦理学中占主导地位的伦理学理论。在西方当今学术界，对元伦理学持有两种不同的态度：以美国学者 J. P. 德马科和 D. M. 福克斯为代表，认为这种理论是道德哲学中过时的理论，对元伦理学持反对态度。而以美国学者 T. L. 彼彻姆为代表的学者则认为元伦理学在某些方面是最年轻和最科学的，对元伦理学持肯定态度。笔者认为元伦理学中的逻辑分析可以深化对道德现象的理解，丰富伦理学的研究，但是不能片面夸大逻辑分析的作用，而应该与其他类型的伦理学相结合，取长补短。

同时，许多著名的伦理学家在伦理学基础理论、研究主题及当今社会的前沿问题等方面发表了很多著名的文章。西方元伦理学家如摩尔的《伦理学原理》、普里查德的《义务与利益》、罗素的《伦理学要素》、维特根斯坦的《伦理学演讲》、斯蒂文森的《伦理学与语言》和《事实与价值》等文章主要围绕着善与恶、"应然"与"是然"、责任与义务等道德概念的定义和理论原理，并通过逻辑推理为伦理学的价值命题和道德原则提供科学严密的证明。而尼采的《论道德的谱系》、胡塞尔的《伦理学与价值论讲演录》、柏格森的《道德与宗教的两个来源》、舍勒的《伦理学中的形式主义与非形式的价值伦理学》、哈特曼的《伦理学》等文章主要围绕着人性、人格、美德、动机等道德概念的定义和理论，深入研究价值与人生的重要理论。韦伯的《新教伦理与资本主义精神》、鲍恩的《人格主义》、费留耶林的《西方文化的生存》、霍金的《道德及其敌人》等主要对道德与宗教的一些重要观点和理论进行深入分析。在 20 世纪末至 21 世纪初出现了一些西方伦理学的当代转型的前沿问题研究，包括以罗尔斯为代表的新自由主义伦理学派、以麦金太尔为代表的共同体主义伦理学派、哈贝马斯的商谈伦理，以及鲍曼等人的后现代主义伦理学。伦理学的研究一直以来都能够引起哲学家们的兴趣和研究热忱，不同流派，以不同的方法、视角来研究道德哲学，给伦理学研究带来了极大的发展，丰富了伦理学的内容。

（二）国内研究现状

国内学者对伦理与道德关系的发展方面的研究较少，一些伦理学家从二者的联系与区别分别谈了自己的观点和看法。并结合中国实践总结了国内伦理学发展的现状及呈现的特点。

首先，从伦理与道德关系的研究来看。中国学术界对道德和伦理关系的观点主要是认为二者在词义词源上大致相同，但是从学理角度上二者还是有所区别，比如罗国杰在《伦理学教程》中认为："不论在中国还是外国，'伦理'和'道德'这两个概念，在一定的词源含义上可以视为同义异词，指的是社会道德现象，但它们又有所不同，道德较多的是指人们之间的实际道德关系，伦理则较多的是指有关这种关系的道理。"倪愫襄在《伦理学简论》中认为："伦理侧重'伦'的一面，即强调人伦关系，由人而构成的关系可以说都是伦理关系，而这些关系对于现实的人而言无疑是外的、客观存在的。道德则侧重'德'的一面，即内得于己的一面，也即是将伦理客观化的道德、原则内化为内在的规范和德性。"廖申白在《伦理学概论》中也认为："伦理一词是述说一个人与其他人的关系的规范，而道德述说的准则的有效性是个人性的，道德属于一个人自己的世界。"因此，生活中人们通常把伦理等同于道德，甚至于作为同等的概念来加以使用，但是从学理的角度来说，对伦理与道德的区分还是十分必要。笔者认为，"伦理"和"道德"两个概述是有区别的，伦理是一种客观性的他律原则，主要涉及的是外在的规范、原则、要求等，而道德则是一种主观的自律原则，主要涉及的是内在的道德反思、自觉等。只有当人们自觉自愿地去遵守外在的规律，才能不断地向伦理过渡，道德才能成为真正的道德。

关于这方面的论文大概有十几篇，有的是论黑格尔伦理和道德的关系，比如：肖会舜、欧阳凌的《道德理性与伦理精神》，于建星、郭秀霞的《论伦理与道德的关系》等，还有从"道德"概念入手来谈及二者关系的如：宋希仁的《"道德"概念的历史回顾》。此外还有几篇文章主要是从哈贝马斯对道德与伦理的区分方面，比如：邹平林的《道德与伦理的冲突》、李薇薇的《论哈贝马斯对道德与伦理的区分》、闫周秦的《哈贝马斯伦理与理性生活方式》。从现有的文章来看，大部分文章都是从黑格尔和哈贝马斯对伦理和道德的区分来谈自己的观点，而对伦理与道德关系方面的探讨涉及不多。因此，我们可以在现有研究基础之上，以另一个视角即西方传统的伦理—道德关系来理解马克思哲学的变革方式。

其次，从国内伦理学的发展状况来看。在中国，伦理学具有悠久的历史，早在公元前 5 世纪到公元前 2 世纪，就已经有"人伦"、"道德"等概念。在《论语》、《墨子》、《孟子》、《荀子》等诸多名篇中具有丰富的伦理思想。在古代伦理学并不是一门独立学科，而是与哲学、政治学、教育学结合在一起的。后来随着西方的一些伦理学译著和马克思伦理思想的涌入，使伦理学逐渐成为一门独立学科。伦理学一词主要是沿用日本的说法。把专门研究道德问题的学科，称为伦理学。

中国伦理学研究主要是规范伦理学，是关于社会主义的规范伦理学，主要以社会主义道德规范体系为核心。它的发展大致可以分为两个阶段，第一个阶段是新中国成立到 1978 年改革开放，这一时期伦理学研究处于动荡不安、受到严重冲击而停滞发展的时期，此时的研究成果十分稀少，并常常被纳入到政治思想教育中。第二个阶段是改革开放至今，伦理学的发展恢复了生机与活力，涌现了许多伦理学著作，比如罗国杰主编的《马克思主义伦理学》，唐凯麟主编的《简明马克思主义伦理学》，魏英敏主编的《新伦理学教程》，倪愫襄编著的《伦理学导论》，章海山编著的《西方伦理思想史》，罗国杰、宋希仁合著的《西方伦理思想史》等。各种论文更是如雨后春笋般不断涌现，这些著作和研究成果不仅丰富了伦理学的研究，同时为马克思主义伦理学科体系的建立提供了理论支撑。

当代伦理学研究更加倾向于政治、经济、生态、技术等应用学科上。技术伦理学、生态伦理学、经济伦理学、网络伦理学、教育伦理学等大批应用伦理学科兴起，这方面的研究日益增多。随着经济的快速发展，人们在日常生活中出现了种种道德问题，一些事件的发生一次次触及了我们的道德底线，人们开始反思，在经济发展的同时，要注重道德建设。人们开始关注伦理道德问题，一些学者提出重读马克思的经典著作，一些学者翻译借鉴当代马克思主义研究的最新成果，以此来和中国实际相结合，为中国马克思伦理思想增添新的内容。这些学者的观点，著作都给了我们很好的启示，对于当代伦理精神的重塑和现实伦理生活的合理安排具有现实意义。

综合以上国内外相关研究现状可以看出：西方伦理学自从创立以来就一直处于流变当中，研究的历史也是经历了道德与伦理的分分合合，从认识论领域到实践领域、从统一到分化再到统一，从形而上到形而下这一逻辑过程。当代的研究主要围绕伦理学的类型、相关主题、前沿问题等方面而展开。国内伦理学研究主要是以社会主义道德规范体系为核心，并把马克思主义伦理思想与中国的革命和社会主义建设结合起来，与时俱进地发展马克思主义伦理思想。对道德和伦理关系阐述得不多，虽然哈贝马斯在全面总结了亚里士多德的伦理学、功利主义和康德的道德学说的基础上做出了道德和伦理的区分，但是他的这种区分也陷入了各种标准相互抵触之中，使这一区分陷入了理论困境。本书主要是从西方伦理道德关系的演进逻辑入手，阐述马克思在感性活动的基础上合理地解决伦理与道德的统一问题。

三 本书的逻辑框架和主要内容

本书一共分为六个部分。绪论部分主要是提出问题，并在总结和概括国内外研究现状的基础上，提出了本书研究的理论与实践意义。第二章和第三章阐述了西方伦理与道德关系在早期、近代的一种变化与分合。接来下，论述了马克思对黑格尔及费尔巴哈伦理道德思想的反思批判及马克思的伦理—道德思想的基本内涵。最后，指出马克思的伦理思想的现实意义，对中国道德建设的指导作用。主要内容如下：

第一章，绪论。主要从问题的提出、国内外研究概况、本书的基本内容及本书研究的理论及现实意义四个方面进行阐述。

第二章，西方伦理—道德关系的早期嬗变。在苏格拉底之前人们的行为主要是遵行伦理理性，人们只是盲目地遵守外在的戒律、神谕或是风俗习惯，而从未反思自己。直到苏格拉底才开始了从伦理理性向道德理性的转向，人们开始关注自我的内在确定性，反思自己的行为，从人自身之内去寻找生活的真理与意义所在。随后经过柏拉图的"理念论"，亚里士多德在前人研究的基础上，用中庸之道为"至善"实践了具体的标准，真正把伦理理性和道德理性统一起来。

第三章，西方近代伦理—道德关系的分化与黑格尔所实现的统一。在近代受文艺复兴的影响，人们更加关注人，以人的眼光去观察社会和历史。马基雅维里正在此时提出了非道德主义的伦理思想，在此之前政治一直在"至善"的统治之下，以道德为基础，而在马基雅维里这里，政治的基础由道德变成了权力，使政治学成为一门独立的学科。这种实证性的研究方法对以后的伦理学研究影响甚远。一方面以休谟为代表的经验派提出了情感主义道德原则；另一方面，康德在消解感性基础之上构建他的道德形而上学，强调理性的作用。黑格尔则正式给伦理与道德分别下了定义，并在绝对理性的基础上实现了二者的统一。

第四章，马克思对黑格尔和费尔巴哈伦理—道德思想的反思批判及其变革方式。马克思认为黑格尔的绝对理性是一种无人身的抽象的理性，这种理性本身不具备实现内外合一的功能。费尔巴哈虽然恢复了唯物主义的权威，但是他的局限性却表现在感性直观的抽象性，以及对人的片面理解。因此，必须在感性活动的基础上，才能真正实现道德和伦理的统一。

第五章，马克思伦理—道德思想的基本内涵。马克思把道德理解为人的一种本质力量，是在实践基础上生成发展的，而伦理则是道德观念外化的产物。异化劳动所形成的人与人之间的关系是不道德的，因此必须扬弃异化劳动，消除资本的限制，实现共产主义，只有这样才能实现人的全面自由的发展。

第六章，马克思伦理—道德思想的现实意义。本章主要从改革开放的实践来理解当代道德观念的变化，并在共产主义伦理道德思想的指引下，克服抽象伦理规范的限制，塑造理想人格，帮助人们不断提高内在的道德修养，自愿自觉地去遵守外在的伦理规范，真正做到表里如一，内外结合。

四　本书的理论意义与实践意义

伦理道德思想在马克思的整体学说体系中占有非常重要的地位，在他的许多经典著作，尤其哲学著作中都有伦理道德思想的阐释。本书以西方传统伦理—道德关系的演进逻辑与马克思哲学的变革方式为论题具有重要的理论和现实意义。

从理论意义来看，本书主要从历史和逻辑统一的视角，在西方哲学历史的展开中对伦理道德关系的发展进行梳理和研究，呈现西方哲学中伦理道德关系发展的轨迹；关于道德问题，国内外都有大量的研究文献和成果，但是从道德与伦理关系的角度进行研究的不多。本书正是从道德与伦理分分合合中，呈现出西方伦理从形而上到形而下的历史逻辑过程。在马克思之前伦理学的发展呈现出形而上学的特征，在古希腊时期道德、伦理的发展均在"至善"的统摄之下，到了中世纪伦理学的发展呈现出与宗教相结合的特点，神学成为主宰一切的东西。近代在知识论的影响下，伦理学一方面注重经验，另一方面注重理性的发展。休谟认为道德就是人的情感的苦乐，而与理性无关。康德则诉诸理性，寻找着道德的自由，然而康德的形式主义，使他的道德学说成为一种抽象的、空洞的理论，并不能指导人们的实践。黑格尔虽然弥补了这一不足，把对伦理道德的理解纳入家庭、市民社会、国家中来，并肯定了劳动的作用。但黑格尔却只承认精神劳动，并把家庭、市民社会、国家中的活动始终理解为一种精神运动，把人类历史理解为精神史。而马克思指出了黑格尔哲学是思辨的、抽象的，是一种唯心主义。在批判了黑格尔和费尔巴哈伦理道德思想的基础上，马克思提出了"感性活动"，人们只有在进行社会生产实践活动中才能结成生产关系，这种生产关系中所涉及人与人之间的利益关系便产生了道德的需要。因此道德、伦理的发展与人的劳动是不可分的。通过本书的研究希望为马克思主义哲学研究增加一些新的内容，为中国的社会主义道德建设提供些许理论借鉴。

　　从实践意义来看，马克思伦理思想研究具有现实的指向性。马克思所提出的共产主义思想，就是要追求人的自由全面发展。应该弘扬这种伦理思想，虽然这一思想对当代的实践不具有直接的规范作用，但却给我们指明了方向，提供了借鉴。道德问题是每一个社会和国家都十分关注的问题，它总是处在不断发展变化中。中国目前正处于经济发展的黄金时期和社会矛盾凸显期，在社会转型的过程中，市场经济所带来的功利主义和个人主义的价值取向，引发了各种各样的道德问题，比如人们的诚信缺失、欺诈、表里不一等不良道德现象不断出现。面对如此现象，人们要在关注经济利益的同时，必须深刻反思，在经济发展的同时，要注重核心价值体系建设，其中的道德建设成为重中之重。人们道德素质的培养和道德水平的高低决定着一个国家是否能够不断地壮大、发展下去。在这一背景下，要清楚地认识到中国的伦理道德问题必须与中国实际相结合，不能完全照搬其他国家的道德体系，必须在继承传统的基础上，吸收国内外先进的道德理念，直面现实、贴近人们的实际生活来发展我们的道德思想，为马克思伦理道德思想增添新的社会实践内容。本书力求在比较深入阐释和理解马克思伦理—道德思想的基础上，对当代伦理精神的重塑和现实伦理生活的合理安排提出些许建议，以此来增强中国社会主义道德建设的针对性和有效性，对培养人的高尚情操具有一定的实践意义。

第二章　西方伦理—道德关系的早期嬗变

　　黑格尔说："我们要知道并预见它们的必然联系，在这种联系里，个别的事实取得它们对于一个目的或目标的特殊地位和关系，并因而获得它们的意义。因为历史里面有意义的成分，就是对'普遍'的关系和联系。看见了这个'普遍'也就认识了它的意义。"① 历史上西方伦理思想的产生和发展，都是与它的时代背景、社会基础及文化氛围密切相关，但是无论哪种思想，也只有当它进入历史中，在人类的思想中才能具有普遍联系，才能真正拥有其历史意义。本章主要是从西方哲学发展中梳理伦理—道德关系的早期演进逻辑，从自然哲学的伦理理性到苏格拉底追求自我确定性的道德理性的变化，再到柏拉图与亚里士多德的伦理理性和道德理性的统一。

　　在古希腊伦理学发展过程中，人们普遍认为苏格拉底是第一个开始关心人如何更好地生活以及他的行为的道德价值所在，因此认为苏格拉底是西方伦理学的创始人。苏格拉底哲学的贡献是什么呢？他主要变革了哪些内容呢？通过研究发现，苏格拉底哲学变革的实质是实现了从自然哲学的伦理理性向道德理性的转向，向我们展示了伦理理性与道德理性的联系与区别。对于伦理学研究有很大的帮助。但是，苏格拉底的思想并不是他一个人的结晶，他必定会受到当时古希腊的宗教传统、城邦文化的影响，自然哲学家们对伦理思想的论述和研究也必然会成为苏格拉底的思想文化背景，对苏格拉底思想的形成和发展有着深远的影响。因此要了解西方伦理—道德关系的发展，我们的研究应该从古希腊的宗

---

① ［德］黑格尔：《哲学史讲演录》第 1 卷，贺麟译，商务印书馆 1981 年版，第 11 页。

教传统和自然哲学谈起。

第一节　古代自然哲学时期的抽象伦理理性及其形成的社会基础

黑格尔认为："苏格拉底以前的雅典人，是伦理的人，而不是道德的人；他们曾经作了对他们情况是合理的事，却未曾反思到、不认识他们是优秀的。"① 也就是说，他们对自己的行为从来没有反思过为什么要这么做，这样做是否是正确的？只是从风俗习惯、外在的神谕启示、法律规范、宗教教义当中寻求自己行为的根据和缘由，不懂得反思自己，也从未去反思自己。人们盲目地遵循外在的戒律和规范，这种现象主要与古希腊的宗教传统密不可分，人们的自我意识尚未觉醒。对事物的原因探求，也只是单纯地依靠神的启示，并祈求神的庇佑。虽然，后来人们开始关注于自然哲学，寻求新的精神慰藉。但是，对于人的行为，相互关系以及生活意义究竟何在等问题的理解，仍然处于对宇宙事物的统一理解中。人们普遍认为，可以从统一的宇宙或逻各斯中引出道德原则，仅仅把道德理解为投射在人世间和人身上的宇宙秩序。道德并不是人所独有的，并未在人的生活领域内来思考道德问题。

一　古代神话传统与自然哲学的伦理理性

古希腊人对道德的最早思考，主要体现在希腊神话当中，在希腊神话中他们通过对诸神的描述来颂扬和讴歌神话英雄们的高贵品质和道德品格。对城邦公民的道德教育也主要是根据传颂的神话故事。荷马的两部史诗《伊利亚特》和《奥德赛》不仅是希腊文化的巅峰之作，也是当时人们道德行为的范本。史诗中的英雄们和诸神，成为希腊人的道德楷模和宗教信仰。史诗中突出表现了三位英雄人物：阿喀琉斯、赫克塔尔、奥德修斯。阿喀琉斯和赫克塔尔是征服陆地的英雄代表，而奥德修斯则向神秘的海洋发起了挑战。《伊利亚特》中描写了众多的残酷血腥的战争画面，对英雄们进行了讴歌和赞美。阿喀琉斯是英雄个人主义的

---

① ［德］黑格尔：《哲学史讲演录》第 2 卷，贺麟译，商务印书馆 1997 年版，第 43 页。

代表，他的战友帕多罗克洛斯在战争中死去，阿喀琉斯为了给自己的战友帕多罗克洛斯报仇，他完全出于个人的情感，不畏惧死亡，义无反顾地回到战场，为了友情明知死亡，也要投入战斗。但是赫克塔尔却不同，他明知自己不是阿喀琉斯的对手，当他看到阿喀琉斯复仇的怒火越烧越旺，自己的战友不断倒下，赫克塔尔为了自己的祖国和人民与阿喀琉斯决一死战，体现的是一种英雄集体主义。这些内容都体现了希腊民族骁勇善战的道德倾向。《奥德赛》讲述的是英雄奥德修斯的故事。特洛伊战争后，奥德修斯踏上了艰难的回乡之路，他英勇善战、充满智慧，具有冒险精神，敢于挑战大海，智慧胜过了勇敢，他善用计谋，并为达到目的而不择手段，但希腊人对此却给予了道德上的宽容，在神灵的庇佑下他战胜自然，归乡途中一次次躲过灾难，最后如愿回到家乡。从奥德修斯身上我们更多地看到希腊人对智慧的崇尚，也体现了早期希腊人的伦理思考和道德情感。

但是无论是《伊利亚特》还是《奥德赛》都充满了宗教色彩，史诗中的英雄们生死完全取决于神的意志。特洛伊战争是神的预谋，奥德修斯因为触怒海神而在归乡路上充满危险，但最终又是在神的保护下取得胜利和度过危险，这一切完全是神在操控。希腊人的命运与神是分不开的。但是在史诗中并没有关于诸神的起源和谱系的详细描述，而之后的赫希奥德在他的《神统纪》中详细地叙述了诸神的关系和整个谱系的形成，完成了统一的希腊神话体系，城邦公民也是在神话信仰的基础上形成了自己的道德思考，并以此确定了相应的道德标准。

随着城邦的经济繁荣与发展以及来自外来先进文化的影响，人们发现在英雄时代，社会中到处充斥着冲突与战争，而对于战争是否正义人们从未反思过，他们在祭拜和乞求神的庇佑时，又常常发现实际上做出选择和承担后果的往往是人自己。人们已经不能满足仅仅以神话为内容来解释自然界和作为自己行为的道德准则，希腊人需要新的精神需求，于是他们冲破原有神话思维的权威性，而追求理性地思考自然世界。早期希腊哲学在性质上是自然哲学，自然哲学家们的研究对象是作为整体的宇宙万物，是以自然宇宙为对象，自然哲学家们开始了对自然世界的合理性解释。人被归为自然的一部分。此时的研究的中心是"本原"问题，而这些万物的"本原"均被理解为某种自然元素，比如水、空气、火等。古希腊哲学的创始人泰勒斯就提出万物是由水生成的，水是万物的始基。他说万物的生长离不开水的滋养，否则就无法生存。水又是无定形的，能变化的，多种多样的。因此水才是这自然界得以和谐共处的主要原因。阿那克西曼德则认为世界的本原既不是水，也不是其他的元素，而是无定的本性或自然。这个"无限定者"包含着一切对立的事物，比如冷与热、干与湿、强与弱等，正是这不安定的对立双方的斗争才产生了世界。在他看来，万物的生成运动是有规律的："一切存在着的东西都由此生成的也是它们灭亡后的归宿，这是命运注定的。根据时间的安排，它们要为各自对他物的损害而互相补偿，得到报应。"①在这里，阿那克西曼德表达了"无限定者"的一种均衡法则：有损害必有补偿，有限定必然有报应，从而使对立双方复归于和谐统一。因此，不论从思想上还是从用词上，都明显地表现出他的社会伦理关系。赫拉克利特也给出了一些类似的思考，认为世界是一团活火，万物既对立又统一，是由逻各斯生成的，等等。自然哲学看似是对自然宇宙秩序的理解，实则是在为人类社会秩序的生成寻求客观依据，自然哲学家在理解自然宇宙秩序的时候并不是以现代科学的理性来理解的，而是以人与人之间关系的思考的伦理理性的方式来理解的。在这一意义上，自然哲学家的这些思考实际上是一种伦理理性的思考。

二 自然哲学的伦理理性形成的社会基础

希腊自然哲学的产生跟希腊的城邦有着直接关系，在独特的城邦生活中，希腊的理性精神得以孕育，自然哲学家对自然宇宙秩序的思考对应到了城邦生活中人与人之间的关系问题上。在产生城邦之前，希腊由庞大的迈锡尼王国统治着，后来迈锡尼王国覆灭之后，希腊的各个氏族分散到各地，它们之间相互结合，慢慢形成了规模大小不等的各种共同体，这就是城邦的最初样态。迈锡尼统治的王国是君主专制的，而城邦制度却是以一种反君主专制的国家形式而诞生的，它是民主制的。民主制也就意味着公民可以享有平等的政治民主权利，这也是希腊理性产生的主要根源。这样一来，城邦的每一个公民都有权利参与城邦的政治事

---

① 苗力田：《古希腊哲学》，中国人民大学出版社1995年版，第25页。

物当中，人们对城邦生活更加的关注，如何能够使城邦中的各氏族集团之间、各党派之间、不同的文化差异之间和谐共处，构建一个避免对立冲突，和平共处的社会秩序就成了人们进行伦理思考的主要问题。城邦的伦理精神不再是王权统治下人们的俯首帖耳，逆来顺受，而是平等、竞争，遵守城邦的法律，维护城邦的利益。城邦制度强调要竞争，道德应该有好的政治、经济环境，人与人之间的伦理关系是平等的，这样才能具备公平的竞争与交易。此外，对国家权力的理解不再是私人的，而是所有人的公共事务，因此它必须是每个人都能接受的，大家通过辩论和协调共同来决定的，采取大家都认同的中间性的意见，这一传统观点直接影响了柏拉图的"中间性标准"和亚里士多德的"中道"思想。同时，在城邦中公民不以出身、地位作为要求来参加政治活动，而是所有人享有共同的权利，他们通过友爱互相联结，成为城邦统一的基础。

随着城邦的不断成熟与完善，加之经济的繁荣发展以及一些先进文化的涌入，使得人们在城邦中有了扎实的物质基础。人们开始重新思考，希腊人不再受制于神话，他们发现人们在日常生活中的不道德现象，在诸神中会有所表现，比如诸神们欺骗、弑父、偷盗等。这不免会造成人们在道德上的混淆，他们开始对神话思想进行批判，人们不能一再地服从、信仰所谓的神，而是打破这种桎梏和权威，寻求理性合理地去理解自然世界。自然哲学家们不再从神话的故事中去看待自然，而是把自然当作自然，把它看成是人的感觉的物质世界。

三　自然哲学的伦理理性的局限性在于缺少内在的自我约束

早期的自然哲学家们认为，在千变万化的自然界中肯定存在一种不变的，可以作为自然的开端，或是主宰一切的东西即本原。他们最初是把自然界中的感性存在如水、空气等理解为万物的本原。比如：泰勒斯的"水"、阿那克西曼尼的"无定"以及阿那克西美尼的"气"等。黑格尔认为，这些都是最初的完全抽象的规定，以自然范畴的形式，赋予了水、气以普遍的本质。这种单纯的直接的自然范畴在毕达哥拉斯派那里被扬弃了，他们不再以某种自然元素作为事物的本原来探讨，而是以"数"作为事物的本质，"数"不是感性的东西，但又不是纯粹的思想。黑格尔指出："毕泰戈拉派哲学还没有达到用思辨的形式来表现概念。数虽是概念，但只在表象、直观方式内的概念，——在量的形式内的区别，没有被表现为纯粹概念，而只是两者的混合体。"① 因此，我们看到，虽然自然哲学以理性的方式为人类寻求了一条新的思想道路，但是早期的自然哲学仍然有不足之处，他们的哲学思考缺乏人文关怀，主要还是关注于自然界，从自然中来理解人的伦理行为。没有真正地、直接地把人的问题进行深入的理论探讨。黑格尔在法哲学中探讨了抽象法，他认为抽象法应该从人格开始，也就是要成为一个人，并且要尊重他人为人。黑格尔把法理解为一种自由的直接定在，这种定在可以表现为对所有权的占有、契约以及不法和犯罪。然而，在早期的希腊由于人们缺少主体自我意识，并没有真正意义上认识自己。没有真正意识到自己作为人，作为一个受人尊重或尊重他人的人，人们只是盲目地去遵守来自外在的神话传说和宗教的束缚，并没有从内在的自我意识角度来理解这些权利和义务，实际上并没有真正拥有自己的权利。虽然自然哲学脱离了宗教，但是并没能使人们真正的从宗教、习俗、戒律等外在的原则中解放出来，仍然被一些外在的条例、风俗所禁锢。

为此后期的哲学家为了弥补这一不足，做出了相应的修正。在巴门尼德那里，他强调"思想与存在是同一的"，他认为"能够被表述、被思想的必定是存在"。"所谓思想就是关于存在的思想，因为你绝不可能找到一种不表述存在的思想。"② 在这里思维与存在同一，表明思维成了存在的一个重要原则。所以黑格尔认为："真正的哲学思想从巴门尼德开始了，在这里可以看见哲学被提高到思想的领域。"后来阿纳克萨哥拉从自然宇宙中把"奴斯"（心灵）独立出来，这个永恒的、无限的、无形的、能够洞悉一切并驾驭一切的"理智"，创造和指导一切万物，成为整个宇宙运动的动因。以及普罗泰戈拉的"人是万物的尺度"的思想。他认为万物是以人的存在为标准的，人不存在万物自然而然就不复存在了。虽然普罗泰戈拉的这个命题带有浓厚的个人主义和相对主义倾向，但是在西方哲学史中是第一次强调了人的主体能动性。对于冲破外在的限制，重视个人的自身意义具有启蒙的作用。上述哲学家的

---

① ［德］黑格尔：《哲学史讲演录》第 1 卷，贺麟译，商务印书馆 1997 年版，第252 页。
② 汪子嵩：《希腊哲学史》第 1 卷，人民出版社 1988 年版，第 602—603 页。

思想进一步纠正了早期自然哲学缺乏主体自我意识的缺陷，从而为苏格拉底转向道德理性思考奠定了基础。

第二节　苏格拉底实现了从伦理理性到道德理性的转向

古希腊的自然哲学虽然独立于宗教，但却从未真正意义上脱离宗教。宗教权威对于人们的生活观念上的影响仍然存在并表现在对外在确定性原则追求的一种伦理理性。人们在日常行为中，仍然以一些外在的神谕、风俗习惯、宗教规范作为行动的指南和理由，并不考虑他们所依据的这样一种根据是否真正能够做到合理。智者们的人文主义的"启蒙运动"打破了这种伦理理性，作为职业教师的智者们关心人的存在及意义，把对自然的思考转向了对人的关注。但智者们只教给学生们想学的和有用的东西，而对于其他一概不教。智者们的朴素的经验主义使得他们走上了相对主义的道路，而苏格拉底正是在智者的这种相对主义的基础之上，开创了一种从人的主观世界中去追求内在的确定性的道德理性。实现了从伦理理性到道德理性的转向。黑格尔认为："雅典公民的精神本身、它的法则、它的整个生活，是建立在伦理上面，建立在宗教上面，建立在一种自在自为的、固定的、坚固的东西上面。苏格拉底现在把真理放在内在意识的决定里面；他拿这个原则教人，使这个原则进入生活之中。"① 人们开始关注人的本性是什么样的？在现实中应该怎样生活？苏格拉底提出了"人性本善"的观点，认为人类有共同的善和美德，善是人类的最高目的。苏格拉底信仰理性，并提出了"美德即知识"的命题，一提到知识必然要涉及理性，这种理性只限于灵魂的思考部分，而未涉及灵魂的非理性部分，从而摒弃了诸如感受、习惯和风俗等。这样一来，"苏格拉底的原则造成了整个世界史的改变，这个改变的转折点便是：个人精神的证明代替了神谕"②。苏格拉底是西方伦理学的奠基人，他通过游说、辩论等方式，对城邦的生活进行道德思考，把哲学融入伦理学中，使哲学由研究自然转向了研究人，研究

---

① ［德］黑格尔：《哲学史讲演录》第2卷，贺麟译，商务印书馆1997年版，第90页。
② 同上。

人的伦理道德问题。

一　从智者的道德相对主义到自我的内在确定性原则

　　古希腊的自然哲学家虽然打破神话思考而向哲学思考转变，但他们把全部的目光都投向了自然，把人看成是自然的一部分，把自然作为客观的存在进行把握，围绕永恒不灭的本原存在进行研究，缺乏对人的思考与关怀，后来直到"智者"的出现才把人的问题、人的存在意义作为伦理问题进行思考与研究。这些被称作"希腊教师"的智者们不像自然哲学家那样注重理论探讨，他们更加注重实际，注重对人是否有用处，他们主要教给学生"辩论术"和"政治术"。"辩论术"主要是教给学生如何运用理性思维来掌控一种语言辩论的技巧，用自己的理论说服别人，体现自己的能力。由于希腊的民主制度，所以城邦的公民经常有机会在公开场合发表演讲，这种素质成为公民们的一种必备素养，演讲和辩论也成为当时社会的一种风尚。"政治术"主要是指一个人应该具备的政治品德，比如公正、廉耻、正直、节制等。而这些品德是每一个人都应该有的，如果缺乏这方面的修养，必然会导致人与人之间的矛盾与冲突，因此人们就会把这些思考放在自身的伦理生活中进行自我的反思，如何能够更好地培养这种品德。

　　但是，我们发现无论是"辩论术"还是"政治术"都是为了达到某种目的，比如"辩论术"就是要说服别人，为了获得自己的名誉或是利益等，而"政治术"的实用目的就更加突出了。由于希波战争的胜利，许多参加战争的公民开始重新认识自己的实力，激发了公民们参与政治的积极性，而在实行民主制度的雅典社会发生了社会意识和价值观的转变，人们不再单单依据财富、出身、地位等条件来评价一个人，而是更加注重人的个人能力与品格。而要想参与国家事务、登上政治舞台就必须具备一些基本的知识和技术，因此"智者"们有了用武之地，他们不论学生的身份、地位如何，只要付得起学费，那么就会根据学生的要求，教授他们想要学习的知识。普罗泰戈拉在回答苏格拉底提问时说："根据其需要（知识）进行教育，其他对他们不需要的、无用的东西一概不教。"①"智者"们的教育完全是根据人的要求来进行的。他们根据青年人的特长和喜好，进行相应的教育，激发学生的潜能，使他们的能力更大限度地发挥出来，青年人的学习不是被迫的而是自愿的学习，在一定程度上就使人的德性品格、人的优秀性得到了发挥，因此黑格尔认为"智者"的启蒙跟近代的启蒙起到的作用是一样的。这种教育具有人文主义的启蒙意义。

出现在大约公元前 5 世纪的"智者运动"改变了自然哲学以自然宇宙为思考对象，而是把关注点放在了人的身上，直接考虑人的伦理生活，开辟了一条自己反思自己的道德思考的思想道路，为苏格拉底哲学的变革奠定了思想基础。但是，我们也清楚地看到智者的这种实用目的，使他们走向了相对主义的方向。当人们学会了辩论和演讲等技术之后，就会以这样的方式与别人展开辩论，那么他们会寻找各种能够使自己胜出的根据，而人们为了自己的名誉、地位、效益等，会找出各种能够使自己获胜的理由，因此就没有一个确定性的不变化的标准，人们只想达到自己的目的，因此找不到一种固定不变的道德原则，智者们对道德的反思就走向了相对主义。但是，也恰恰是"智者"的这种实用性的主张，却有着启蒙的意义，消解了外在伦理权威，树立了自己的权威。他们为达到自己的目的，对外在的神谕、法律、风俗等可以随意地修改、变化，并不是一味地遵守这种束缚，而是建立自己的原则和方法。在某种程度上为苏格拉底的思想奠定了文化基础。

二　自我的内在确定性原则即道德理性

苏格拉底把哲学从关注天上拉到了人间，使道德成为哲学研究的对象和目的，开创了西方伦理思想发展的新阶段。苏格拉底一生述而不作，我们对他的思想了解只能从他的学生柏拉图那里获得。苏格拉底最主要的论战对象是普罗泰戈拉、高尔吉亚等人。智者们的思想是立足于相对主义的价值观，普罗泰戈拉便是这样的代表人物。柏拉图在《泰阿泰德篇》中这样记载的："他说，人是万物的尺度，存在时万物存

---

① ［古希腊］柏拉图:《普罗泰戈拉篇》，牛津大学出版社 1995 年版，第 318 页。

在，不存在时万物不存在。"① 这个命题的含义就是：衡量世间事物的尺度就是个人的感觉，对你我来说，事物就是所感知的样子，所呈现在我们面前的那个样子。很显然，普罗泰戈拉的这一命题带有明显的主观主义的相对主义的色彩。他以个人感觉作为事物的存在和本质，否定了事物的客观性。苏格拉底与普罗泰戈拉一样的智者们不同，他不以辩论和演讲所能够达到的效果，能够说服听众作为自己的目的，而是通过与人辩论寻找自己生活的理由；他不为达到外在的目的而随意的寻找、支配理由，而是寻找生活理由作为自己的目的，并以此来指导个人的伦理生活；他不是以相对、任意的东西作为理由，而是以出于自身中那个绝对的确定不移的东西作为自己生活的理由。苏格拉底对智者的超越，显然对希腊伦理思想起着至关重要的作用。

苏格拉底意识到建立客观价值标准的必要性，他把希腊德尔斐神庙门楣上的名言"认识你自己"作为自己哲学原则的宣言。在苏格拉底看来，自然哲学家们以自然为主要研究对象，把自然物作为原因这些都是错误的。实际上，世间万物的真正原因是它的内在目的，亦即"善"。因而哲学的真正对象是人自己，即认识人自身中的善。然而，智者们虽然把目光放在了人的身上，却以人的感觉，对普遍性进行了否定，走向了怀疑主义，因而也就不能够真正地认识自己。苏格拉底经常劝诫人们"对灵魂操心"，只有人的灵魂中的理性才是人所固有的，要想使人能够更加优秀，使人的德性更加完整地发挥出来，就必须关心灵魂。也就是人们必须按照理性来行动和生活。亚里士多德指出苏格拉底对西方哲学的两大贡献，主要是普遍定义的追求与归纳推理的运用。比如《美诺篇》中，他就是从"德性是否可教"的讨论中开始对德性的普遍定义的追求。最终得出了"德性就是知识"的命题。苏格拉底信仰理性，一提到知识必然要涉及理性，这种理性只限于灵魂的思考部分，而未涉及灵魂的非理性部分，从而摒弃了诸如感受、习惯和风俗等。并通过"认识你自己"这样一种反思方式，通过自我的反思和自我约束，从自己身上寻找一种普遍的确定性的生活原则，探寻生活的意义和真理。

---

① 苗力田：《古希腊哲学》，中国人民大学出版社 1995 年版，第 181 页。

三　道德理性的实质从人自身之中寻找生活的意义和真理

面对希腊社会缺乏最基本的正义感和政府制度昏庸腐败，苏格拉底认为，这种状况主要是人们仍然缺少一种内在美德的自我觉醒和自我约束，因此他提出来通过自我反思来达到自我认识，这种反思的目的是要在自身中寻求一种普遍的确定性的生活原则。苏格拉底通过辩论来达到这一目的，他从那些可说的诸现象中追问出那种与诸现象相关而又不可说的"事情本身"的存在，这种"事情本身"由于不可说，所以它是人所不可知的而只有神才能知的一种超越存在，因而它是人自身中所具有的一种确定的纯粹的存在。这种存在表明，在人自身中即具有决定自身生活意义的原则和真理。所以黑格尔认为："苏格拉底的原则就是：人必须从他自己去找到他的天职、他的目的、世界的最终目的、真理、自在自为的东西，必然通过他自己而达到真理。这就是意识复归于自己。"① 也就是每一个人都能自觉地生活，自觉其存在的价值或生活的意义，并达到对决定其生活的内在原则和真理达到自觉。在苏格拉底看来，只有不断地对自己的生活进行反省，才能达到生活的意义。所以苏格拉底说："认识你自己，过一种内在自觉的有意义的生活，或者说是一种明明白白的理性生活。通过自己而达到真理，获得生活的内在坚定性，就是要从对外在的神谕、传统、习俗，乃至法律道德规范等的盲从中解放出来，要由自己给出如何生活的理由。"②

苏格拉底把德性与知识等同起来，认为知识即德性，无知便是恶。苏格拉底认为，人的本性就是趋善避恶，没有人会主动地追求恶，究竟是行善还是作恶，主要是看人是否拥有知识。虽然，苏格拉底奠定了理性主义伦理学的基础，但是他却忽略了德性与知识的区别，正如亚里士多德所分析的，"他把德性看做是知识时，取消了灵魂的非理性部分，因而也取消了激情和性格"。③ 人的灵魂不仅有理智部分还有非理智的部分，因为知识不是德性的充分必要条件，有知识不一定就会有德性，

① ［德］黑格尔：《哲学史讲演录》第 2 卷，贺麟译，商务印书馆 1997 年版，第 41 页。
② 孙利天：《纯粹理论生活的理想》，《吉林大学社会科学学报》2000 年第 6 期。
③ 苗力田：《古希腊哲学》，中国人民大学出版社 1995 年版，第 220 页。

还应该考虑人的非理性部分的因素。这也为后来的柏拉图和亚里士多德在伦理学的进一步演化和发展埋下了伏笔。

第三节　柏拉图和亚里士多德初步实现了
伦理理性与道德理性的统一

苏格拉底死后，很多追求者学习他的思想，并组成不同的派别，也就是我们常听说的"小苏格拉底学派"。但是他们的思想不能够全面地、具体地、彻底地表现苏格拉底的思想，而苏格拉底的弟子柏拉图却系统地阐释了老师苏格拉底的思想。柏拉图在自己的对话篇中，把老师苏格拉底关于美德的理解概括为"智慧"、"勇敢"、"节制"、"正义"四大美德。从存在论和认识论两方面对四种美德进行了阐述，并以此确立了苏格拉底在伦理学史上的地位。柏拉图在他的著作中把苏格拉底的关注道德问题和灵魂问题发展为"灵魂论"进而构建自己的"理念论"和"理想国"。柏拉图的理想国就是一种社会伦理观，是当时城邦伦理关系的反映。在当时的社会中，他的伦理原则就是每个等级的分工不同，只有做好自己分内的即是一种正义的表现，个人行为的原则必须服从城邦的利益。这样一来，个人主观自由被抹杀了。这种理想国的状态实际上就是维护奴隶制统治，是不理想的国家构想。而亚里士多德更是作为古希腊哲学的集大成者，他把伦理学研究作为一门科学，采用科学的研究方法，把理论理性和道德理性统一起来，这对中世纪及近代伦理学的发展有很大的影响，并为此作出了巨大的贡献。

一　苏格拉底的单纯道德理性难以达到普遍的社会正义

苏格拉底不仅理论上追求一种德性的生活，在现实生活中，他也从未放弃过对善的生活的追求。无论有多少人误解他，无论他的生活有多么的贫困，仍旧始终如一地追求人的"德性"知识。据说他每天都会到人员聚集的集市、竞技场、剧院、广场，通过问答与人对话，借以探讨各种与德性相关的问题。开始时人们对苏格拉底所提的问题觉得自己已经认识得很好了，但最后还是被问到答不上来的地步。这样一来，有些人反思自己认为已经懂了的东西，而另一些自认为是所谓的知名人士或自觉有智慧的人就认为苏格拉底是故意让自己在众人面前丢脸，于是对苏格拉底怀恨在心。但苏格拉底却不知道自己这样的行为，在那些人眼里是多么让人讨厌的事情，于是每天还是一如既往地坚持着自己的做法。后来，雅典公民们无法忍受，由墨勒图、安尼图斯、吕孔三人联合以"不敬神"和"诱惑青年"的罪名控告苏格拉底。

苏格拉底却坚持自己的道德理念，自己不会做不正义的事情，因此当他被判有罪时，他却对这强加给他的罪名，为了不行"不正义"而甘愿受死。申告时，苏格拉底既不申告自己的罪行，因为他不认为自己有罪，但为了遵守雅典的法律又不得不必须申告，因此他就申告了与罪行无关的事情。而在处决之前，苏格拉底本可以在友人和学生的帮助下逃到国外去，可是他却放弃了。因为苏格拉底认为自己作为雅典的公民，就应该遵守城邦的法律，既然自己的罪行是由城邦的法律审判的，自己就应该服从，如果不服从就会是对法律的一种破坏和诋毁，每个人都这样做，就动摇了城邦的法律基础。所以苏格拉底要以自己的实际行动来维护城邦的法律，这是他自己践行他所提倡的道德观念，甘愿赴死。表现了公民与城邦之间的道德思想。对于苏格拉底的死黑格尔有着自己独到的见解。黑格尔认为苏格拉底的死是两种正义冲突的结果，他说："有两种公正互相对立地出现，——并不是好像只有一个公正的，另一个不公正的，而是两个都是公正的，它们互相抵触，一个消灭在另一个上面；两个都归于失败，而两个也彼此为对方说明存在的理由。"①当时的雅典社会是一个伦理的社会，以自己的风俗习惯来要求人们，有自己所信奉的神，而在当时人们眼里的苏格拉底所提倡的自我意识的反思，他们是无法接受这样的"新神"，因此苏格拉底被判死刑也就不足为奇了。因此在当时以单纯的道德理性来要求人们反思自己的行为，并从内心来意识到这么做是对的，为什么要这么做的道理，是很难实现的，因此就得不到整个社会的认同，也就不可能达到普遍的正义。于是黑格尔说："能够理解苏格拉底的并不是他的同代人，而是后世人，因为后世人是超出于二者之上。"②

① ［德］黑格尔：《哲学史讲演录》第 2 卷，贺麟译，商务印书馆 1960 年版，第 106 页。
② 同上书，第 105 页。

二　柏拉图的理念论规约了灵魂与神的统一

柏拉图则认为，像苏格拉底这样一个正直、诚实的人却遭到了如此的非难，表明在当时的社会中普遍缺乏最基本的正义感。这也促使柏拉图考虑到现实社会的正义问题，如何使人的正义活动和行为在社会中得到肯定和保护。他从人的灵魂的诸性能出发根据灵魂的不同分工，着手构建由哲学王领导的理想国。

柏拉图的伦理思想，主要是理论性地阐述苏格拉底关于人的"德性"问题的探索。在"苏格拉底对话篇"中关于虔敬、勇敢、正义等德性的讨论，最终也没有准确的答案。因此苏格拉底受到人们的批判，认为他是在强词夺理、巧言诡辩，而自己对此却一无所知。而对于这些知识的普遍定义，我们不能从个别的经验事物中得出纯粹的真理，而只能从这些普遍事物之外的灵魂入手。苏格拉底认为人的灵魂中已经拥有了知识，并常常告诫人们"对灵魂操心"，但对于灵魂是如何存在的却未加详细地说明和有力地论证。这主要是受希腊传统的灵魂观的影响，希腊人认为，只有当人活着的时候，人们才能够感受到肉体与灵魂的结合，而当人死了以后，灵魂就飘忽不定，没有安身之处。这在荷马史诗中有明显的表现。体现了希腊人比较肯定现世的世界观。也正是因为受到这种灵魂观的影响，所以苏格拉底对灵魂的认识是不够彻底的，苏格拉底认为"死亡无非就是两种可能，一种是灵魂的迁居，另一种是永远的睡眠"。① 因此柏拉图在吸收了毕达哥拉斯学派的灵魂学说的基础上，对灵魂进行了全新的阐释。

柏拉图认为灵魂是由不同的要素构成的。他把人的灵魂分为理性、激情和欲望三个部分。理性位于人的头部，处于支配地位，指挥全身，具有思考和观察的能力，它的德性就是智慧；激情位于胸部，对权力和名誉带有冲动，受理性的支配，它的德性是勇敢；欲望则居于腹部，是对生殖、营养、占有的冲动，受理性和激情的制约，它的德性是节制。只有身体的各部分都能得到充分的发展，人们才能达到正义的状态，柏拉图把苏格拉底对人的德性的探索，称为"四元德"，也就包括了智

---

① ［古希腊］柏拉图：《申辩篇》，牛津大学出版社1995年版，第40页。

慧、勇敢、节制、正义四种。同时，柏拉图坚信灵魂不朽，通过回忆说、运动说、神圣性进行了论证。柏拉图认为，我们的灵魂原来是高居于理念世界，通晓一切知识，可当灵魂进入肉体时，受到了肉体的影响和干扰，而暂时忘记了。在适当的训练过后，灵魂就会慢慢地回忆起原来的东西。柏拉图认为，灵魂与运动有关，他认为"从外面获得运动的事物无灵魂，自身内即有运动的事物有灵魂"，因此，"自我运动即是灵魂"。[①] 所以，"灵魂是所有已经存在、现在存在、将要存在的事物以及与它们相反的事物的第一源泉和运动因"。[②] 因此，柏拉图认为灵魂是不朽的，因为凡是能自我运动的都是永恒的，而灵魂是自我运动的。最后就是，神圣性的论证，在希腊人的观念中，任何神圣的事物都是不朽的，而灵魂就是一种神圣的事物，它具有认识神圣事物的能力。这种灵魂不朽的学说是伦理学倡导道德生活的必要前提，人们不仅要关注现世，也应关注来世，因此人们要过一种"善生"的生活。

有了明确的灵魂观之后，苏格拉底的理论困境就有了出路。柏拉图认为，在人的"知"与"不知"之间还存在着"忘却"这样一种状态，人们对知识的认识和探索不是以不知道的东西为对象，而是这些东西以前就认识而现在忘却了。因此，柏拉图说："探索或者学习，其实总体上来看，那就是一种回忆。"[③] 灵魂在进入肉体之前是纯粹的，一旦受到肉体的污染，便对以前的知识不记得了，而只有通过不断地学习和探索来回忆起以前的知识。上述可见，"回忆说"虽然解决了探索的"两难"问题，可是"是什么"的问题还没有得到解决，因此柏拉图提出了"理念"，所谓"理念"本义指"看见的东西"即形状，转义为灵魂所见的东西。柏拉图说："其自身只有一种形态，同样的形态，同样的状态永远保持。无论什么场合，无论从哪一点来说，无论怎样状况下都是不会变化的。"[④] "理念"超越事物而存在，事物只是"分有"，或是"模仿"了"理念"，才拥有了与此相似的事物存在。如现象世界中"美的事物"正是"分有"了"美的理念"。事物是因"模仿"理

---

① 苗力田：《古希腊哲学》，中国人民大学出版社 1995 年版，第 313 页。
② 同上书，第 390 页。
③ ［古希腊］柏拉图：《美诺篇》，牛津大学出版社 1995 年版，第 81 页。
④ ［古希腊］柏拉图：《斐多篇》，牛津大学出版社 1995 年版，第 78 页。

念而得以存在的。工人们就是根据桌子的理念或椅子的理念来制造桌子和椅子的。柏拉图在苏格拉底"理性善"的基础上提出了"善"的理念论。按照柏拉图的说法,存在着两个世界,一是理念世界,二是事物世界。在"理念世界"中有一个最高的理念那就是"善的理念",这种"善的理念"是理念世界存在的根据,可以说是"理念之理念"。因此,"善的理念"成为一切事物存在的根据与原因,成为最高的存在,从伦理学意义上说,这种存在已经被看作了"神",是一种不受任何制约,是一切正义、美、善的原因。这就要求,人们在现实生活中一切行动都以"善"作为目标,追求"善的生活"。

柏拉图虽然对他的老师苏格拉底的伦理思想进行了全新的理论阐释,但还是未能形成一种科学的伦理体系,因此这个工作就由那个受柏拉图影响最深,反过来又批判柏拉图最深刻的人,他的弟子亚里士多德来完成。

三　亚里士多德完成了理智德性与伦理德性的统一

亚里士多德一生著作颇丰,在很多领域取得了受人瞩目的成绩。马克思称他为"最深刻的思想家"。[①] 恩格斯说"他们中最博学的人物亚里士多德就已经研究了辩证思维的最主要的形式"。[②] 黑格尔则称为"从来最多才最渊博(最深刻)的科学天才之一","一个历史上无与伦比的人",应当把他和柏拉图称为"人类的导师,如果世界上有这种人的话"。[③] 在伦理学研究方面,亚里士多德在前人的基础上,形成了自己的伦理学体系。他把伦理学从哲学中划分出来,作为一门独立的科学进行研究。尤以《尼各马科伦理学》最具代表性。

苏格拉底"德性即知识"的命题,成为理性主义伦理学的开端。亚里士多德赞同苏格拉底的说法,认为一个人要成为有道德的人,必须具有动物所不具备的理性,人与动物的区别就在于人是一种有理性的动物。这种理性活动是人所特有的,人的灵魂的理性部分指挥着人的活

---

① 《马克思恩格斯全集》第 30 卷,人民出版社 1974 年版,第 260 页。
② 《马克思恩格斯全集》第 20 卷,人民出版社 1971 年版,第 22 页。
③ [德] 黑格尔:《哲学史讲演录》第 2 卷,商务印书馆 1982 年版,第 269 页。

动。人的理性由两个部分组成：一部分是人们对自然中那些不变事物的思考，我们称为理论理性的活动；另一部分是对可变化事物的思考，我们称为实践理性活动。可变事物的理性活动又分为两种：一种是制作活动，就是运用理性将可变动的材料制作成产品的活动；另一种是实践，是运用理性调节生活中人与人之间关系的活动。人所特有的活动就是一种生命的实践活动，也就包括了理论、制作和实践三种活动。与之相对应的德性便是科学、明智和技术。这种运用理性来调节人与人之间的关系的活动，也就是通常我们所说的伦理活动和政治活动。因此亚里士多德所说的实践是对道德实践领域的反思和认识，在亚里士多德对人类活动的科学分类中，他区分了实践和创制，从而阐述了实践的思想。实践是一种德行的实现活动，而创制则是一种技术活动；实践往往以自身为目的，而创制却以自身之外的事物为目的；实践追求的是一种最终的"至善"，而创制的"善"是片面的、不完善的。因此，实践主要是涉及伦理与政治的范畴，创制则主要是指生产生活资料的具体活动。而亚里士多德把生产活动排除在实践之外，主要是和当时的希腊社会的现实相联系的，在古希腊社会中只有城邦中的自由人才能进行伦理活动和政治活动，而生产实践是奴隶们和城邦之外的人来进行的活动，因此，他认为只有这种伦理活动和政治活动才能算真正意义上的实践。

亚里士多德所讲的实践是一种以追求"善"为目的德性的实现活动。亚里士多德在《尼各马科伦理学》中指出："一切技术，一切规划以及一切实践和抉择，都以某种善为目标。因为人们都有个美好的想法，即宇宙万物都是向善的。"[①] 伦理学就是研究这些活动所追求的这种善。在《尼各马科伦理学》关于善的论述中，是把善作为一个具体的善，或者说是某种善，这种善离不开具体的事物，比如：红要在红花和红布中才能得以显现一样。它实际上是一种事实的陈述。另外，善本身就是目的，实践活动是以追求善为目的而来获得德性品格。此外，还有一种最终的善，即"至善"。"至善"是宇宙的第一推动力，是动力因和目的因，是一种纯形式，即是"神"或"努斯"。在亚里士多德之

---

① ［古希腊］亚里士多德：《尼各马科伦理学》，苗力田译，中国人民大学出版社2003年版，第1页。

前，善的事物被分为三类：外在的善，灵魂的善和身体的善。外在的善指拥有财富的多少，出身高贵与否，等等；灵魂的善指勇敢、节制、正义、明智，等等；身体的善主要是指身体健康、强壮有力、完美健硕。人的灵魂的善，主要就是指理性那部分的善。而从实践层面所追求的善是一种具体的善，是一种理性和经验相结合的善，没有生活经验便无法从事实践的研究，而没有实践理性的发展也就不能使伦理学和政治学成为科学。而对于"至善"的追求是形而上的哲学范畴，是一种理性思辨的善。他批评了柏拉图的神秘主义和禁欲主义的"理念论"，他认为人们要获得幸福不应该抛弃一切人和社会中现实的活动而去追求那个戴着神秘面纱的"善的理念"。我们追求的是各个具体的善，通过现实的德性活动积累并达到至善。在对善的求索过程中，亚里士多德更加重视现实的活动、现实的状况，亚里士多德对善的全部意义就在于指导人按照善的要求过合乎德性的幸福生活。

　　人的德性指的又是什么呢？在亚里士多德看来，德性就是人在实现实践的生命活动时所表现出来的优点。灵魂的理性部分和欲望部分的活动就是人的德性活动。亚里士多德把德性分为理智德性和伦理德性两种，理智德性是就灵魂的理性部分而言的，伦理德性是就欲望部分而言的。他认为，理智德性可以由学习和教育获得，但需要一定的经验和时间。这种德性是纯粹的，是一种对真理的追求。而在理智德性中又分为两个部分：一个是思考不变事物称为理论理性的德性；另一个是思考可变化事物称为实践理性的德性。理论理性的德性便是智慧，实践理性的德性便是明智。伦理德性则是由风俗习惯衍化而来，是在社会生活中逐渐养成的一种习惯。伦理德性指的就是灵魂欲望部分的德性，灵魂的欲望部分呈现三种状态：感情、能力和品质。亚里士多德则认为伦理德性既不是灵魂欲望部分所呈现的感情和能力状态，而是一种实现活动的优良品质，也就是灵魂的欲望部分听从了理性，选择做正确的事，这就是一种德性，一种明智的选择。伦理德性要求人们在城邦的生活中不断地反省自己，反思自己的行为，进行有理性的道德实践，进行正确的道德选择，只有这样才能更加接近亚里士多德所说的中道。中道是伦理德性的核心，是德性必须走的理性道路。亚里士多德曾说过，锻炼身体的时候过度和过少对身体都有损害，饮食过多或过少都不利于健康，只有适当的锻炼和饮食才能提高人的健康素质。在人的意志所面临的三种状态中，过度和不及都是不好的，而中间才是德性，"所以，不论就实体而论，还是就其所是的原理而论，德性就是中间性，中庸就是最高的善和极端的美"。① 这种中间性不是数量上的中间，也不是"折中主义"，而是根据人的不同所把握的适度要求，这种中道是相对的，是因人而异的，在一定意义上就是指在理性指导下的一种正确选择。

亚里士多德强调德性的追求并不是单纯地达到一个人的内心完美便宣告成功，而是要在现实的生活中通过个体的实践活动来获得德性。如果人脱离社会，成为一个孤立的个体，那么他所追求的德性又有什么实际的效用和价值呢。因此德性必须建立在实践的基础上，追求最高的善离不开现实的活动。所以，人们必须在城邦中生活，友爱和正义是必不可少的德性。家庭中、朋友中和公民之间都应该讲究友爱和正义，这是维系各种关系的基本纽带。在社会交往中，人们讲求友爱，就会互相关注、和平相处，也就不存在不公正的问题，但是在不同的友爱性质中如：善的友爱、快乐的友爱还有实用的友爱，只有善的友爱才是合乎于德性要求的。而正义则是关系到人们所共同关心的东西，一方面是人们的共同利益；另一方面是个人利益。如何来维护利益，这就需要正义，正义是一个人德性的总体，在与他人交往的一种品格体现。在亚里士多德看来，伦理学是研究个人的善，而政治学是研究城邦的善。城邦作为一个社会共同体，它是一个系统，并不是个人的机械的聚集，而是个人和谐协作的系统，这种共同体是为了某种共同的善而建立的。个人是这一系统的一部分，他与整体是密不可分的。亚里士多德把人看成是天生要过政治生活的，人们不能离开城邦而独居生活，在城邦里人们作为主人，一方面要参加和管理国家事务；另一方面又依赖城邦对自己的保护。因此城邦的善要优先于个人的善，亚里士多德说真正的个人的善乃是对整个城邦的美德。个人善和城邦善的统一在于公正。"公正是一切德性的总汇。"② 政治上所追求的"至善"就是公正。政治学是对伦理

① ［古希腊］亚里士多德：《尼各马科伦理学》，苗力田译，中国人民大学出版社2003年版，第34页。
② 同上书，第94页。

学的一种实现。亚里士多德的伦理思想是多方面的，他不仅关注单个人的道德水平的提高，更加注重社会伦理思想研究。思考人的善或幸福是什么，这种善和幸福在什么样的活动中，这种对人的善和幸福的沉思是伦理学研究的，而政治学研究的是通过何种体制使人们获得更高的德性和个人的善和幸福。这样一来，亚里士多德在苏格拉底的"美德即知识"和柏拉图的"理念论"的基础上，用中庸之道为"至善"实践了具体的标准，完成了理智德性和伦理德性的统一。

　　苏格拉底之前的自然哲学，主要以某种自然物质作为本原，但是终究没有一种自然元素可以代替其他自然元素来说明世界的本原问题，因而缺乏普遍性。随着早期希腊自然哲学的衰落和智者运动的兴起，人们越来越关注获取的知识，知识的问题被显现出来。因此苏格拉底在理性的指导下，主要探讨"是什么"的问题，为柏拉图的"理念论"奠定了基础，但是柏拉图两个世界的划分，又使他陷入了一般与个别的两难境地，虽然亚里士多德消解了一般与个别的问题，但是由于历史的局限性，有些问题还是未能得到很好的解决。希腊哲学的高峰时期正好是希腊文明逐渐衰退的时期，历史的变迁、社会的不安使人们更加关注人生问题和伦理问题。希腊哲学也随即进入了晚期阶段。虽然这一时期没有全新的体系出现，但是每一派的哲学都以伦理学为核心。早前希腊哲学家的那种思辨精神和绝对主义哲学态度，遭到了相对主义和怀疑主义的抨击，各种派别林立：主要有伊壁鸠鲁主义，斯多亚学派、怀疑主义和新柏拉图主义。但是由于理性主义的不断衰落，思辨精神不再矍铄，感觉主义、怀疑主义和神秘主义盛行。因此，希腊哲学在挣脱了神秘主义的包围之后，又回到了神秘主义的旋涡，也就无法抵挡基督教思想的冲击和挑战。

第三章 西方近代伦理—道德关系的
分化与黑格尔所实现的统一

　　当基督教成为封建罗马帝国的国教时，西方伦理呈现出与宗教结合的特点，这一特点在中世纪尤为突出。托马斯就把亚里士多德的至善同上帝紧密地联系到一起。他认为，伦理学就是研究人们如何追求善或获得幸福。但是人们所追求的至善或者是最高的幸福不存在于物质世界中，也不在科学知识或理论知识中，只能是一种精神上的追求，只能存在于对无限的、永远无法接近的善的追求中。而这种至善或完满只能存在于上帝之中。因此，人们必须信仰上帝、认同上帝、分有上帝，只有这样才能获得至善和最高的幸福。中世纪的"上帝"取代了古希腊的"至善"成为统摄一切的最高主宰和力量。

　　在漫长的中世纪神学的统治之下，宗教伦理学一直关注的是神性，而非人性，伦理道德也是在神学"至善"的统摄之下，直到封建制度的逐步灭亡，随着近代资本主义经济的发展和社会变化，中世纪神学近千年的统治趋于瓦解。伦理学的思考重新回到人的身上，重新开始审视人的价值，关心人的尊严，尊重人的发展。欧洲各国发起了以人道主义为核心的启蒙运动，启蒙思想家们继承古希腊的理性精神和伦理思想，以人性反对神性，以理性反对信仰，揭露和批判教会道德对人的束缚，伦理道德从神学的束缚中解脱出来，不断分化，开始关注人。提出以人为本，尊重人的价值、人的权利并肯定现世的生活，为近代欧洲的伦理思想的发展奠定了基础。本章主要是对近代伦理—道德分化的社会根源、马基雅维里的"非道德的政治观"、休谟的片面情感主义、康德的纯粹实践理性的道德形而上学和黑格尔在绝对理性的基础上实现了伦理和道德的客观统一进行了论述。伦理—道德关系的分分合合与一定的社会经济、文化、思想的发展是分不开的。道德与伦理正是在相互的碰撞、相互冲突中，不断地向前发展的。

第一节　近代伦理—道德关系分化的社会根源

欧洲 14—16 世纪，历史上称为"文艺复兴时期"，是中世纪经院哲学到近代哲学的一个过渡时期。在这一时期欧洲的社会政治发生了重大的变化。虽然教廷在与皇室的权力斗争中取得了胜利，但是各民族国家的独立已经成为不可阻挡的历史趋势，加之教廷内部的权力争斗和教会内部的极致腐败，使得教会失去了往日的权威，人们不再迷恋和信仰教廷，而是开始激烈地抨击教会。自马丁·路德的《九十五条论纲》的发表，一场宗教改革席卷而来。与此同时，随着新的生产方式不断形成，旧的封建主义的生产方式面临解体。在西欧各国，以生产工具的不断改进为基础，社会生产力水平不断提高，使得航海、军事、纺织、印刷技术等发生不断变革，促进商业贸易的不断繁荣发展。资本主义手工业的迅速发展，促进了生产技术的革新与产品的生产和流通，大大加速了封建社会自然经济的瓦解，新的生产方式与旧的思想必然会引起矛盾。从伦理道德角度来看，就是封建道德与资产阶级道德的冲突，是神学道德和世俗新道德的角逐。这种社会生产方式的变化必然要求思想文化上的变革。因此这一时期，西欧各国开展了搜集整理古希腊文献的工作，也就是我们常常提到的"文艺复兴"，而"文艺复兴"的实质就是"人文主义运动"。

"人文主义"（humanism）一词起源于拉丁语 studiahumanitatis 指的是"人文学"的意思。包括文学、历史学、道德哲学等。人文主义重新使人获得了价值认同，给予人以权利和尊严。中世纪的宗教神学，认为人是神按照自己的形象创造的尘世中最高的目的，尘世中的一切以人为中心，但是这些都是为了更好地论证神，面对无所不能、无所不包的神，人只能是卑微的，只能由神来设定和摆布的。而人文主义者们则通过人兽对比，强调人与万物的区别，突出人的优越地位。并认为人的天赋理性使人可以达到"至善"。莎士比亚在《哈姆雷特》中对人进行了热情赞美和讴歌。"人是多么了不起的一件作品！理想是那么高贵，力量是多么无穷，仪表和举止是多么端正，多么出色。论行动，多么像天使，论了解，多么像天神！宇宙的精华，万物的灵长。"① 人文主义还反对中世纪神学对人的禁欲思想和来世的观念，主张人性的解放和享乐，并对现世生活给予肯定，并以人性来考察历史。中世纪的宗教神学宣称，人们的真正幸福是在彼岸世界，而对现世的生活应采取限制、克制甚至是禁欲的状态。而人文主义者们则强调人的此岸世界的幸福更为实际，重视对现世幸福生活的追求。彼特拉克就明确地宣布："我不想变成上帝，或者居住在永恒中，或者把天地抱在怀抱里。属于人的那种光荣对我就够了。这是我祈求的一切。我自己是凡人，我只要求凡人的幸福。"② 人文主义思潮对于西欧各国的思想解放和文化进步起到了推动作用，文艺复兴由于"首先认识和揭示了丰满的、完整的人性而取得了一项尤为伟大的成就"，这就是"人的发现"。③ 由于人文主义运动中对人的重视，对人自身、理性的肯定，使人的自我意识不断提高，以人的眼光来看待社会和历史，促进了政治哲学的发展。

第二节　马基雅维里非道德主义的伦理思想

文艺复兴时期正值各民族国家形成的时期，作为文艺复兴时期人文主义的发源地的意大利，在艺术和文化方面都比其他各国显得更为先进、解放，不受神学传统的束缚。但意大利内部却是四分五裂，在新旧阶级交替过程中，我们更多看到的是意大利的政治腐败、经济萎靡、军事薄弱、道德沦陷。人们已经对国家失去了信心，只考虑个人利益。在那个时期，坏蛋们都能够大显身手、使用各种诡计，通过各种手段达到自己的目的。马基雅维里正是生活在这样一种不安和衰败的社会当中，面对意大利的残酷现实，马基雅维里设想着建立一个统一的意大利和理想的社会制度。然而，要想建立国家的统一，首先考虑的就是如何得到

---

① 北京大学西语系资料组编：《从文艺复兴到十九世纪资产阶级文学家、艺术家有关人道主义人性论言论选辑》，商务印书馆 1971 年版，第 58 页。

② 同上书，第 11 页。

③ ［瑞士］布克哈特：《意大利文艺复兴时期的文化》，商务印书馆 1979 年版，第 302 页。

政权，如何管理人们，如何保证社会的正常秩序。这一切都应该从研究人的本性开始，于是马基雅维里通过对当时和历史上的人物的分析和经验中得出结论，也就是人性本恶。人都是自私自利的，人要受情欲的限制，受欲望的支配。人们为了满足享乐、荣誉、物质利益时，就会忘恩负义，满足自己的私欲。显然，马基雅维里的伦理思想并不是以基督教的圣经作为基础，而是根据当时意大利社会的现状，以他所认为的人性论为基础的。强调政治不应考虑道德，而只需考虑功利即可。

恩格斯指出："马基雅弗利是政治家、历史编纂学家、诗人，同时又是第一个值得一提的近代军事著作家。"① 马基雅维里的伦理思想与政治哲学密切相关。在马基雅维里之前，传统观点认为道德是用来诠释政治、掩盖政治，政治从属于道德。任何将政治和道德区分来看的企图，必然会受到激烈的反对。可是面对意大利四分五裂的状况，马基雅维里认为单凭道德是无法统一意大利的，因此马基雅维里提出了"非道德的政治观"，把政治学的基础从道德改换为权力和实力，摆脱了形而上学的研究方法，以现实的角度和纯粹的经验主义方法考察政治现象，在社会政治领域中排除了传统道德和神学的观点，用人的眼光去审视政治，把政治看作是一门实证性的科学，彻底地断绝了政治与道德和神学宗教的联系。

一　人性本恶与抽象政治观的形成

马基雅维里不仅是一位思想家、历史学家，还是政治学的开创者。他出生在佛罗伦萨，家境贫困，自学成才。马基雅维里毕生追求的目标就是祖国意大利能够统一。政治思想代表作有《君主论》、《论李维》，其中《君主论》是他对佛罗伦萨历史的经验的理性总结。政体方面他比较偏爱共和制，更是认为共和制是最理想的国家形式，能够保证公民充分的平等和自由，促进经济的繁荣和发展。但是这要求每一个公民都拥有美德，在有序的环境中实现共和制。这对当时的意大利来说是不可能实现的，美德和有序生活在意大利已经不存在了，因此只有建立一个绝对统治的王权国家，才有可能实现国家的统一、繁荣、富强。

---

① 《马克思恩格斯选集》第4卷，人民出版社1995年版，第262页。

　　同时，马基雅维里认为政治生活必须有人的参与和行为，对于人性的理解是他政治哲学的基础。他在《君主论》中提出的"人性本恶"的观点，"因为一般来说，人类都是忘恩负义、反复无常的，他们妄自追求、伪装善良，见危险就闪，有利益就上"。① 也就是说人都是自私自利的，趋利避害，对权利和财富充满了难以节制的欲望。人们会为了追求自己的目的，得到更多的利益而不顾一切。他认为，历史上许多正当的政治目的，都是通过阴谋诡计等不道德手段来实现的，在他的《佛洛伦萨史》中曾经有过这样的描述："胜利者，不论用什么手段取胜的，人们考虑的只有他们的光荣；良心这个东西和我们毫无瓜葛，不必考虑它。"② 由于马基雅维里这种对人类道德本性的认识，所以他强调必须要由国家的制度和法律对人的这种趋恶性加以控制和管理。因此，国家必须要有权力的支撑，军队的保障，一个集权力于一身的君主来统治。君主作为国家的领导者，是代表整个国家的，他认为君主之为君主有美德更好，但是它的首要任务不是成为一个有德之人，而是要维护自己的政权和国家。因此没有必要拥有所有的善良的品德。一些对国家无意又没有什么必要的行为应该避免。比如：慷慨固然是好，但君主一旦慷慨必然会耗费大量的财物，增加人们的负担，反倒使人们仇恨君主。在守信问题上，马基雅维里更是提出了狮子与狐狸的比喻。他指出，守信固然是好的，但是经验表明，取得胜利的君主们并不是都遵守诺言，而是更会运用计谋，君主就应该像狐狸一样的狡猾，像狮子一样的勇猛。当君主守信却不利于自己时，他绝对不用遵守信义，但要装出守信的样子。君主就应当是一个虚伪的骗子。在政治上君主需要考虑如何做更有效，使国家能够更加强大，不用在意道德与否，在政治领域不存在正当与不正当的关系。马基雅维里有一句名言："目的总是为手段辩护。"但是他并不是对一切美德都持反对意见，而对于那些既成事实的诸如正直、勇敢、坚强等美德仍然持积极的肯定态度。只不过他认为这些美德只适用于人的领域，与政治领域无关。但是如果在政治领域有条件发挥美德，也不是不可取的。尽管有人称马基雅维里是"罪恶

　　① ［意］马基雅维里：《君主论》，潘汉典译，商务印书馆2005年版，第80页。
　　② ［意］马基雅维里：《佛洛伦萨史》，李活译，商务印书馆1982年版，第146页。

的导师"，但是他对政治学的发展有着不可磨灭的功绩。

二　以权力为基础的政治观对伦理的功利性影响

16 世纪文艺复兴达到了鼎盛时期，而此时的意大利经济、文化等方面却发展十分缓慢，几乎处于停滞状态。在政治上，邻国的民族独立已经渐入佳境，而一些大国不断地向意大利实施压力，在意大利的政治舞台上轮番争夺，而此时意大利还在忙于内部的纷乱，加之教皇的破坏和干预，使意大利无法实现统一。很多人都在寻找救国之道，马基雅维里也不例外。在意大利内外交困之时，马基雅维里认为，建立一个强大的专制君主统治国家的必要性，以法律、条例等外在的约束，来限制人们的贪欲心理和丑陋行为，虽然有些方法和手段不见得是道德的但却是十分必要的。

在古希腊时期，政治与道德是不可分的，伦理道德问题是政治主要研究的问题，人们在从事政治活动的时候要以正义为准则。人们从事政治活动都要秉承正义原则，追求德性的完善。而马基雅维里却一反常态，认为政治应该注重权力而非道德的至善，马基雅维里把政治问题看作是一个纯粹的权力问题。20 多年的从政经验和通过对历史的考察，让他明白政治成功还是失败，不取决于道德，而取决于实力。马基雅维里十分注重军事，他曾告诫君主要建立一支精良的军队，要懂得军事谋略，善于用兵打仗，有了精锐部队就能建立起完善的法律体系，完备的法律可能抵制人们的贪婪、欲望的无限延伸，而军队正是法律得以实施的有力保障，因此只有拥有了强大的军队和完备的法律，才能使国家强大起来。马基雅维里认为，意大利之所以无法统一、强大起来，主要是常年依靠别国的援军和雇佣军来维护意大利的安全，这是没有保障的，当战争触及援军国的利益里，援军就会变成敌人，而雇佣军就只认得金钱，没有钱的支撑和保证，这些雇佣军随时都可以成为敌人。援军和雇佣军都不会竭尽全力地为受援国或雇佣国战斗。因此，君主应该培养自己的军队，不靠别人要靠自己取得胜利。马基雅维里把政治学的基础从道德改换为权力和实力，摆脱神学束缚，从伦理学中分离出来。马基雅维里虽然是非道德主义者，但他绝对不是反道德主义者。他并不是说道德不存在，而是就政治活动当中，他认为不存在所谓的道德良善或是正当与否，而只存在成功与失败，只存在实力强大便可取得胜利，否则便会遭遇失败。"马基雅维里的'政治人'是不受一切道德的束缚的，其唯一的目的只在能建立及扩张政治上的权力。在马基雅维里的思想中，道德是完全可以为维持政治生存与福利而牺牲的。但他的政治学不是不道德的，而是非道德的。"① 他认为政治应该挣脱道德的束缚，道德不是个人追求完善的目的，而为谋得国家的安全和积累实力的一种手段，政治优先于道德，道德为政治而服务。但是在生活领域并不否认道德的约束作用。虽然我们看到了马基雅维里为了国家的统一所做的努力，看到他独树一帜地不从某种抽象的概念入手来发现秩序，而是另辟蹊径地从历史和现实经验出发，也看到了新的政治观为近代政治学发展所带来的重大影响，但是马基雅维里还是存在一些不足之处。马基雅维里为道德和政治划分了不同的标准，却割裂了道德理性和伦理理性的统一；割裂了个人生活与公共生活的联系，个人是社会的一分子，必然要参与到社会的政治、经济、文化等生活中。政治作为伦理理性的延伸，不仅需要一些外在的约束，还需要参与其中的个人的一种道德反思和自我认识，只有这样才能更好地发挥各种德性，促进社会的发展和繁荣。

马基雅维里的"政治观"强调的是权力基础，这势必使伦理呈现出功利性的色彩。这一现象主要受三个方面的影响，首先是物质的功利性世界的凸显。中世纪的伦理思想是强调人的来世，追求彼岸世界的幸福。人们克制自己对财富、物质、荣誉等方面的追求，克制自己的各种欲望。受文艺复兴和人文主义运动的影响，人们开始重新审视人的价值，肯定人的现世生活，重视现世的生活。人们有追求幸福、名利、财富的权利，人们不再压抑这些欲望，而是大胆地去追求这些物质利益。其次是伦理或道德的功利化指向。马基雅维里的"非道德的政治观"一再强调为了利益可以抛弃道德，道德或伦理都是为国家而服务的，权力才是国家的最根本的根基，一个国家要强大必须要有

---

① ［美］威廉·邓宁：《政治学说史》（上卷），吉林出版集团有限公司 2009 年版，第 156 页。

强大的军队和权力才能获得发展和繁荣，伦理和道德是为君主和国家服务的一种手段，是为了达到目的的一种掩盖或是中介。最后是人的情欲的必然限制。人的情欲受物质的利诱、受权力的影响，人天生就有对物质的追求，对权力的向往，人们有贪欲、野心、享乐等。当一种不良的道德行为可以帮助国家强大或取得战争的胜利，人们便会受这种情欲的限制和影响，君主更是如此。在马基雅维里看来，君主可以不讲道德，为了达到目的可以不择手段。因此，我们说马基雅维里的这种伦理思想，这种以权力为中心的政治观必然会导致伦理的功利化倾向。

三　强调个人道德与社会政治的严格分离及其局限性

亚里士多德认为人天生就是政治动物，自然而然地要过政治生活。并且强调个人的善必须要符合城邦的善，只有个人在城邦中合乎德性的生活着，才有可能实现城邦的至善。政治包含许多复杂的社会关系，不仅包括市民的物质生活，还包括精神生活，政治和个人生活是同构的，二者是密不可分的。传统的德性观点认为：个人与国家是相统一和联系的，个人道德的完善是社会政治所追求的目的，而最好的政治体制就是有一个哲学王式的统治者来统治具有美德的人们，因此政治是道德的。然而，马基雅维里却反传统地把个人道德与社会政治完全地分离开来，在他看来在个人生活领域可以有道德的要求，但是社会政治领域就是他所宣称的非道德的政治观，道德只是一种手段，只是为了完成世俗人的荣誉的获得、利益的攫取，而不是那种彼岸世界的灵魂的完善；只是君主蒙骗世人们更好地服从统治的虚伪外衣，而不是政治的目的，完全把政治置于道德之上。

在《论李维》中，马基雅维里指出现代人缺乏古人对祖国热爱，对自由的追求，对勇敢的崇尚等美德，而更多地在基督教神学的影响下，专注于未来世界，与世无争，懦弱胆小。通过对比，我们看到了两种不同的德性，一种是公共生活，着眼于现实，以国家利益为首；另一种是关注彼岸世界，沉浸在自己的思想中，追求个人的完善。无形中形成了公共德性与个人德性的对立。执着于个人道德的统治者往往"生前麻烦不断，死后遗臭万年"，而那些懂得公共道德擅长于摆脱道德束缚的统治者则"生前享有安宁，死后名垂青史"。① 显然马基雅维里更注重公共德性的培养，马基雅维里并未摒弃个人道德，而是认为个人美德很重要。马基雅维里认为如果个人能够具有良好的品质，诸如守信、善良、慷慨、大方、稳重、友好等，这当然是好的，但是这需要一个前提就是人性本善，在他看来，这是不可能的，因为人性本来就是有缺陷的、不完善的、是趋利性的。在社会政治活动中如果你一直坚守个人道德，就会面临失败，而如果你注重公共德性，冲破道德的藩篱，却能取得意想不到的成功。因此我们要善用、慎用个人德性，显然马基雅维里在个人德性与公共德性之间架起了一道鸿沟，他把个人领域与公共领域用两种不同的标准和话语进行区分。从国家利益的角度来说，有些恶的行为在非正常的情况下合乎公共善的目的，我们就认为他是正当的，在政治领域公共善可以通过作恶来完成。马基雅维里告诫君主要保留恶行，可以使用欺骗、狡诈、暴力、残忍、杀戮等恶劣品质，以保证国家安全。"一位君主，尤其是一位新君，不能够实践那些被认为是好人应该做的事情，因为他要保持国家，常常不得不背信弃义，不讲仁慈，背于人道，违反神道。"② 过分的仁慈、善良、慷慨等只会带来更多的懦弱和反抗，国家不但不会因此而强大起来，反而会走向灭亡，而是要以强大的实力压倒一切，让人们惧怕、敬畏，才能保证一个良好的社会秩序和军队作风，有利于国家的团结和统一。在马基雅维里的作品中有这样一个人物，他叫汉尼拔，是迦太基首领。汉尼拔在战争中狡猾、阴险、不讲信誉，而且十分残忍，但就是这样的狡诈做法使他取得了一场场的胜利，也正是因为他的残暴而让士兵因畏惧而不敢逾越，必须遵守纪律。因此，汉尼拔并没有因为他的欺骗、失信而受到人们指责，反而是为了国家利益取得胜利，得到人们的称赞和表扬。因此马基雅维里所理解的政治就是要取得国家的强大和自由，不是以个人的完善而过合乎德性的生活。显然，马基雅维里对个人德性与公共德性的区分，打破了道德理性与伦理理性的统一，使人们陷入了究竟是应该爱国还是应该追

---

① ［意］马基雅维里：《论李维》，冯克利译，上海人民出版社 2005 年版，第 76—77 页。

② ［意］马基雅维里：《君主论》，潘汉典译，商务印书馆 2005 年版，第 85 页。

求自己灵魂的理论困境，同时马基雅维里的公共德性与恶并存的观点，为个人生活中的作恶找到了借口，提供了正当性，掩盖了个人打着公共德性幌子作恶的真相。政治作为伦理理性的延伸，在马基雅维里这里，使统一在古希腊"至善"和中世纪"上帝"之下的伦理和道德分开。这对以后伦理学的研究影响甚远。

第三节　休谟的片面情感主义道德原则

在资本主义制度、经济、文化背景下，受文艺复兴时期人文主义运动思潮的影响，近代伦理学的研究主要是以人性论为基础，对伦理思想的认识和思考主要是围绕认识的来源和基础、真理的标准、认识方法论等问题展开的。形成了两大派别，一是经验主义，主要以人性的感性经验入手，以幸福原则为出发点，以同情心和情感作为道德的基础以及评价标准，主要代表人物有培根、霍布斯、洛克、巴克莱和休谟；二是理性主义，主张道德源于完善的理性概念或是神的意志，主要代表人物有笛卡尔、斯宾诺莎和莱布尼茨。经验论的最后一位代表休谟在经验论上比起前人显得更加彻底，并得出了"温和怀疑主义"的结论。罗素称他是英国经验论的"逻辑终局"，[1] 康德说休谟打断了他的独断论的迷梦，休谟对因果律的解构使一切科学失去了可靠的基础，休谟的怀疑论使经验论和唯理论都陷入了理论困境，无法自拔。

休谟的道德学主要包含在他的《人性论》当中，主要从道德的性质、社会之德和自然之德三个方面进行论述。由于对道德认识的不成熟，加之西方传统道德的影响，在休谟这里伦理和道德两个概念并未明确区分。休谟认为，道德的本质就是情感，这种道德感不依赖理性，道德感是被感觉出来的，不是被理性判断出来的。休谟否认德性天赋的说法，也否认上帝赋德之说，他认为人的德性与人的生活密切相关，是来自人的经验的。但是，休谟认为人性是不可能超越经验的，人性的终极原因是不可知的，这也表现了他的伦理学的局限性。虽然，休谟试图使道德研究摆脱困境，真正回到人，回到社会生活经验中来，但是对人性

---

① ［英］罗素：《西方哲学史》下卷，商务印书馆 1982 年版，第 196 页。

二元化的理解，使其始终无法逃离传统人性观所带来的局限。

一　感性和理性具有完全不同的机能

休谟认为，伦理学是一门实践科学，不能以理性为基础，而应该在观察和实验的基础上。休谟在情感主义和理性主义的论争下，以不可知的怀疑态度，批判了理性主义，运用感觉经验和心理分析方法，以人性研究为基础，确立情感主义道德学体系。休谟认为，知觉是知识的基本要素，包括感情、情感、情绪、思维等所有意识活动。知觉又包括"印象"和"观念"两种，所谓印象包括"听见、看见、触到、爱好、厌恶或欲求时的知觉"。① 而观念则是印象在心中的摹本，一种在记忆和想象中的再现。两者的关系就是"我们的印象和观念除了强烈程度和活泼程度之外，在其他每一方面都是极为类似的。任何一种都可以说是其他一种的反映；因此心灵的全部知觉都是双重的，表现为印象和观念两者"。② 于是，休谟提出了"人性科学"的两条基本原则："印象在先原则"和"想象自由原则"，强调一切知识都来源感觉。

休谟认为，道德的基础是人的情感，而不是理性，善恶的问题不能通过理性来证明，道德不存在于理性的观念关系中，在理性中也不包括善恶的价值问题。在《道德原理探究》中他区分了感性和理性的不同机能，理性主要作用在于发现真伪，情感才能判断善恶。休谟认为，我们在评价一个人的行为时，第一要弄清楚事情的真相，比如当我们评价"见利忘义"的行为时，我们必须要弄清楚一方是否受利益驱使而忘掉道义，还是出于什么其他别的原因，如果没有弄清事情的本来面目，就不好对此行为盲目定论。因此在道德判断中，理性可以帮助我们辨别真相。"但是，一旦每个细节、每种关系都搞清楚了，理性的作用也就结束了……随之而来的赞扬或谴责，不可能是判断力的作用，而是情感的结果；不是一个思辨的命题或断言，而是一种灵敏的感受或情感。"③ 也就是说，理性只能帮助我们了解事情真相，却不能做出判断，因为道

---

① ［英］休谟：《人性论》，商务印书馆1983年版，第13页。
② 同上书，第14页。
③ ［英］休谟：《道德原理探究》，王淑芹等译，中国社会科学出版社1999年版，第107页。

德判断是人在感受到以后所形成的一种内心的情感。因此，休谟说：
"我们最终必须承认：罪恶或不道德绝不是特殊的可以作为理解力的对
象的事实或关系，相反它完全是从不满之情产生出来的。由于人性的结
构，当我们领悟了野蛮或背信弃义时，就不可避免地会产生这种感
情。"① 休谟认为我们的一个行为得到赞许或褒奖，主要是要看这种行
为所带来的效用，而这种效用我们需要理性帮助我们指引出来，但是绝
不是说这种行为给我们带来了有益的结果，我们就把它们称为善的，而
是要靠我们的情感，来给予这种行为以正当性。在休谟看来，理性只能
是情感的奴隶，为情感而服务。因此，我们的道德取决于人的感知，它
不是对行为本身的实际描述，而是人的情感的一种表达。

二 以情感的苦乐作为区分道德善恶的基本原则

如前所述，理性主要是判断事情本身的因果关系，并对观念关系进
行分析，指出人们行动的方向。比如："预料到一个对象所给予的痛苦
和快乐时，我们就随着感到厌恶或爱好的情绪，并且被推动了要去避免
引起不快的东西，而接受引起愉快的东西。"② 但是道德行为的动因并
不是理性而是情感。休谟把"道德感"看成是道德行为的动因，道德
实践的决定性因素，并以此来区分善恶。在"道德篇"中进一步将道
德感认为是人的苦乐感。情感的快乐与否作为区分道德善恶的基本原
则，"心灵的任何性质，在单纯的观察之下就能给人以快乐的，都被称
为是善良的；而凡产生痛苦的每一种性质，也都被人称为恶劣的"③。
也就是说，人们感觉快乐的东西就是善良的，反之就是恶。显然休谟
以主观上的苦乐感来判断善恶的做法，并没有超出经验论的观点。因此
为了克服道德判断上的主观性，休谟在《道德原理探究》中提出利益、
效用原则为道德判断奠定客观基础。

休谟认为，在道德实践的善恶判断中，不仅仅是因为苦乐的感受就
说某一道德行为是善的或恶的，还要看这种道德行为所带的利益或者说

---

① ［英］休谟：《道德原理探究》，王淑芹等译，中国社会科学出版社 1999 年版，第
109—110 页。
② ［英］休谟：《人性论》，关文运译，商务印书馆 1980 年版，第 452 页。
③ ［英］休谟：《人性论》，商务印书馆 1997 年版，第 633 页。

是效用是有好处或是不好的。虽然利益和效用构成了道德的客观基础，但它们也不是最终导致道德产生的最终原因。因为在利益关系中，必然会涉及个人的利益，他人的利益问题。为了解决这一问题，休谟引用了同情心的概念。他把同情看成是人们天生就有的一种本性，他是人们之间情感沟通的桥梁。人们情感上的痛苦与快乐是通过同情心来传递的，一个人的行为产生了快乐的情感，那么旁观者们就会因为同情心的缘故获得这种快乐的感受，反之亦然。同情在人的心中占据十分重要的位置，它的能量是巨大的，它可以通过一个人的情感影响很多人，影响整个社会，使社会具有共同的情感。因此休谟说："和我们没有利害关系的社会的福利或朋友的福利，只是借助于同情的作用才使我们愉快的；所以结果就是：同情是我们对一切人为的德表示尊重的根源。"① 这样一来，同情便克服了道德判断的主观性，获得了普遍性的标准。虽然休谟以人性为基础来讨论道德问题，使道德不再是空泛的一种规范，而是真正的人的道德。并引入同情理论，以同情的普遍性来论证道德判断的客观性。但是，终究没能跳出历史的局限性。作为道德的主体的人是生活在一定的历史背景和社会中，有着活生生的社会实践活动的人，而不是抽象的、超脱一切的人，因此只从人的心理层面来讨论人的道德行为，脱离一定的社会关系来讨论道德实践问题，显然是不能够达到普遍性。

三　导致休谟难题的根本原因是把感性与理性分离

在对理性的批判中，休谟发现我们在对事实的判断中并不能推出善恶的价值，只能是一些情感动机之类的东西。休谟说道："可是突然之间，我却大吃一惊的发现，我所遇到的不再是命题中通常的'是'与'不是'这类联系词，而是没有一个命题不是由'应该'或一个'不应该'联系起来的。……而且我相信，这样一点点的注意就会推翻一切通俗的道德学体系，并使我们看到，恶和德的区别不是单单建立在对象的关系上，也不是被理性所察知的。"② 这也就说明了道德判断不是关

---

① ［英］休谟：《人性论》，关文运译，商务印书馆 1980 年版，第 619 页。
② ［英］休谟：《人性论》，关文运译，商务印书馆 1997 年版，第 509—510 页。

于事实的判断，而是价值判断。可是事实判断与价值判断是两个不同领域的问题，在善恶的价值问题不存在于对象中，不能被理性所把握，它是由人的内心产生的感觉或者说是情感，这种情感的基础是人们对苦乐的感受。可是我们清楚地知道事实与价值根本不同属于一个领域，那么我们又是如何从事实判断导出了价值判断呢？这就是休谟所提出的事实和价值关系的休谟难题，休谟自己也不知道如何解决。于是休谟转而走向了怀疑论，他从解构因果律开始。

在 17、18 世纪哲学和科学之中，因果关系被认为是自然界中最普遍的客观规律，也是社会和人所遵循的法则。休谟对此表示怀疑，因果关系能否为我们提供客观性的基础？我们的知识是由感觉经验获得的，可因果关系却要推到感觉之外，这是否可能？因此，休谟展开了对因果律的论述。休谟认为知识分为两种，一种是像几何、代数这样的与观念相关的知识，是不证自明的，而另一种比如科学、哲学、历史在内的与事实相关的知识。这些知识是建立在经验的基础上的，是或然的，并不具备必然性。休谟有一个很经典的因果性论证。他说，我们通常说太阳晒热了石头，太阳是石头热的原因，而石头热是太阳晒的结果。之前我们对此充满了肯定，认为这是一种必然的因果关系。可休谟却说，我们只看到了两种事实，一个是太阳晒，另一个是石头热，却没有看到这样的因果概念。因此休谟认为，我们会出现这样的想法，主要是因为心理的一种习惯性的联想造成的，当我们经常看到太阳出来后，石头就慢慢变热了。当这样的现象反复出现以后，人们就会习惯性地想到，当太阳出来后，石头就会跟着热起来，太阳晒是原因，石头热是结果。正是这种心理的习惯联想，把两个事情联系在一起的，而不是理性。他对一切因果性产生了怀疑态度，我们的理性不能帮助我们找到原因和结果的联系，就连我们的经验也只是在事实多次出现后的一种相对的、个别的和偶然的现象，从中我们找不到必然的联系。休谟就这样把因果律给解构了，那么科学知识还能相信吗？这些知识是何以可能的？难道就是人们心中的习惯性联想的偶然堆积吗？可是休谟的这种怀疑论调，当时的唯理论和经验论都驳不倒他，出现这一问题的主要原因还是休谟把感性和理性完全的分离开来。他的理论是经不起实践的考验的，只要在实践中就会不攻自破，休谟的道德学说并未超出经验科学的心理主义的范畴，他的哲学思考显然脱离人类现实的社会道德生活实践。面对这些问题，康德没有选择回避而是面对休谟的挑战。从知识层面去发现普遍性的知识结构。

第四节　康德的纯粹实践理性的道德形而上学

康德是德国古典哲学的开创者和奠基人，他创立了西方理性主义伦理学上第一个完整意义上的道德形而上学体系。康德哲学开始于近代哲学陷入困境之时，当时欧洲大陆唯理论和英国经验论两大派别展开了激烈的争论，经验论主张以经验为基础，一切知识都来源于感性经验，并且通过对经验的归纳来概括出自然法则。唯理论强调先验的观点，认为知识来源于理性所固有的天赋观念，只有这样的知识才具有普遍必然性。然而由于两派在理论上的片面性都不能彻底地解决问题，便产生了休谟的怀疑论。休谟对经验的东西和理性的东西都提出了怀疑，他证明经验的东西都是个别的、相对的、偶然的，因此经验所归纳出来的东西是不具备普遍必然性的而是或然的。同时他也证明理性所固有的观念也只与理性本身发生联系与外在的事物并无瓜葛。休谟的怀疑论，使科学知识普遍必然性的基础崩塌瓦解。面对休谟的挑战，当时的经验论与唯理论都驳不倒他，经验论和唯理论陷入了理论困境，不仅不能证明科学知识的可靠性，而且使理性的地位也受到了影响。康德曾经说过正是休谟打断了他的独断论的迷梦，这种教条主义是行不通的。与此同时，近代的启蒙主义以理性和自由为主要宗旨，但是这种理性被许多哲学家们理解为一种科学理性。受这种理性的影响，哲学形成了一种机械决定论的自然观。在自然科学迅猛发展的影响下，自然因果律便成了一条万物都要遵循的规律，在任何时候、任何人或物都要以因果律为准绳。因此，他们也把这种科学理性的方法和规律投射到人和人类社会当中，因为科学理性所表现出来的必然性和决定性，抹杀了人的自由，人就像一部精密的机器，人与自然是一样的没有区别的，都要服从自然法则，人自身的尊严和价值被否定，理性和自由发生了矛盾。因此，卢梭对启蒙运动开始了反思，理性和科学知识的发展不但没有让人们获得更多的自由，反而要面临越来越多的限制和束缚。科学技术越进步，人类就越来越享受不到平等和自由。科学与道德发生矛盾，人们失去自由。而对康德影响最深的两个人一个是休谟，另一个是卢梭。休谟对因果律的解构及其温和的怀疑主义，不得不使康德转向科学知识何以可能的基础问题研究，而卢梭对康德的影响主要是关于自由问题。因此自然和自由成为康德批判哲学的两大主题。为了能够回应休谟的挑战，康德用了十年的时间来思考这一问题。提出了他的批判哲学，对理性的认识能力进行分析和考察。

一　批判快乐主义与转向内在纯粹实践理性

在道德领域，休谟排斥理性，认为情感具有至高无上的地位，区分善恶的基础和依据是情感，"对我们最为真实而又使我们最为关心的就是我们快乐或不快的情绪，这些情绪如果是赞成德而不是赞成恶的，那么在指导我们行为和行动方面来说，就不再需要其他的条件了"①。也就是说，当我们做一种事情时，感到快乐，那么这件事情就是善良的，相反则是恶的。只是通过这种情感体验来判断事情的善恶。康德对休谟的观点进行了批判，他认为把情感放在经验的层面上来作为道德的基础，缺乏普遍的必然性，经验的东西是个别的、相对的和偶然的，不能成为一个适合所有理性存在物的道德原则。诸如同情或道德情感也是因人而异，存在着差别的，因此也不可能为道德准则提供一个标准。同时，人的感性行为中包含着功利性、实用性的特点，因此人们如果完全出于自己的道德情感进行道德实践的话，就会严重影响社会的正常秩序。在认识论上，康德主张调和经验论与唯理论的矛盾，即主张一切知识来源于经验，又肯定知识必须具有普遍必然性，但是如果知识来源于经验，就不能具有普遍必然性；如果知识具有普遍必然性，那么它就应该具有脱离经验之上的先天的形式。如何来解决二者的矛盾，康德提出我们怎么能够先天地经验对象？以往的形而上学认为知识必须符合对象才能称为真理，但是在休谟的攻击下，我们无法证明观念是如何符合对象的，无法证明科学知识的普遍必然性。因此，康德换了一个角度来思考观念和对象问题，他说是对象符合观念，而不是观念符合对象。因

---

① [英] 休谟：《人性论》，商务印书馆 1981 年版，第 509 页。

为，对象也是一种观念，是由我们主观建立起来的，因此，我们的观念当然可以与之相符。这就是所谓的康德的"哥白尼式的革命"。为了证明这一设想的正确性，必须从人的理性当中寻找答案，看看人自身是否具有一种先天的认识形式。康德把对理性认识能力的考察称为"批判"。

《纯粹理性批判》主要是考察理性的认识能力，康德把这种理性称为理论理性。在《纯粹理性批判》中要解决的一个总问题就是先天综合判断如何可能的问题。先来看一下知识，构成知识的不是概念而是判断，判断分为分析判断和综合判断两种。康德认为一切分析判断都不能增加我们的知识，一切综合判断都能够增加我们的知识。科学知识，不仅要通过经验添加新的内容，而且还必须具有普遍必然性，这就要有先天的形式才行，因此先天综合判断才能构成科学知识。康德的"先验感性论"就是对感性先天直观形式的研究。它是研究人的感性能力所获得的知识的结构，这种感性是被动地接受。康德认为，如果能够被动地接受，首先应该有一个先验的形式，才能把感受到的东西接受下来，感性的形式框架就是时间和空间。任何的感觉、知觉都在时间和空间之中。外部事物的经验通过空间给予我们，我们通过时间可以经验到内心的意识活动。康德把时间和空间称为感性的先天直观形式，并对其从形而上学和先验性两方面进行了论证。算术是时间的科学，几何学是空间的科学，有了这种先天的直观形式，数学知识便得以可能。然而，对于知识而言，只有感性的直观形式还不行，还要有知性来帮助，当感性通过先天的直观形式接受经验材料后，对经验材料进行综合统一，以便形成知识就离不开知性的作用了。知性的先天认识形式就是知性纯粹概念，即范畴。作为最普遍的概念的范畴，他是主动的，能动性地对经验到的材料进行综合，这种自发的能动性来自人的自我意识，康德称为统觉，只有在这种先验的能动的自我意识的作用下，通过各种范畴及图形，使材料得以综合，最终形成知识。到此，康德解决了自然科学是如何可能的问题。可是理性并没有满足，他还要把知识建立成为一种体系，于是再现了理性的先天形式就是"理念"，以往的形而上学由于对知性范畴的滥用，使知性范畴超越了应有的使用范围，出现了先验心理学的谬误推理、先验宇宙论的二律背反和先验神学的上帝证明，从而说明以往的形而上学的不可能性。康德对形而上学的批判是深刻的、全面的，但他主要的目的是要建立一种科学的形而上学，形而上学的最高目标也正是要到达一个自由的境界，这种自由不在科学之中，而在道德之中。

二　道德的纯粹实践理性是人的自由存在基础

康德的对象符合观念的想法，虽然证明了科学知识的普遍必然性，但却把事物分成了两个部分，一部分是通过主体认识到的事物的"表现"；另一部分是在认识之外的"事物自身"或者叫作"物自体"。这样一来，虽然先天的认识形式，帮助我们构成了科学知识，却限制了我们对事物本身的认识，这种理性能力的限制，使形而上学变成了不可能的事情。然而在康德看来，这并不是什么坏事，认识能力的限制让我们清楚地认识到在我们的认识领域之外还有一个不受任何形式限制的领域。于是，这种理性认识能力的限制，正好给理性的实践能力提供了地盘，因为实践理性是以自由为根据的。人作为自然存在物和人自身，具有两重性，作为自然存在物，在自然界中要服从自然法则的要求，没有自由可言，而作为人自身，他又是自由的。在论证理性的先天认识形式的同时，也为道德信仰预留了属于自由的地盘。由此，康德便从对理性的认识能力的考察与分析，转入到与感性世界无关的物自体的问题。讨论人的自由、意志等方面的问题。《实践理性批判》是对一般的实践理性诸如日常的生产劳动、生活，也包括道德进行批判，以纯粹实践理性即道德来衡量一般的实践理性的实践行为。

人们是否不受经验的限制，而完全出于纯粹理性自身来决定自己的行为，人究竟有没有自由问题。我们无法认识自由，但又无法否认自由，自由在认识领域上没有意义，但在实践的领域却是充盈的和实在的。作为理性的最高表现形式、最纯粹的形式意志，如何才能排除经验的限制，以理性自身的法则来指导道德行为。这需要一种意志的特殊性，具有普遍意义的意志就是善良意志。善良意志是道德价值的真正来源，也是康德伦理学的核心的内容。这种意志与上帝无关，与人的自然本性无关，而是关乎于人的理性本身。善良意志不因快乐、幸福、利益而善，而是完全因其自身善而善。康德说："在世界之中，甚至在世界之外，除了善良意志，不可能设想一个无条件善的东西了。"① 因此，以善良意志为基础的道德法则才具有普遍性。意志作为人的一种主观机能它指挥人的行为，但是在意识的世界里这个意志有可能受到来自两个方面的限制，一个是感性欲望的支配，另一个是纯粹理性的根据。自然意志受到外面力量的支配，是一种外在的目的，能思维的意志是以人自身为目的实现自我的崇高和尊严，它是以一种普遍的理性法则为根据，所以它必须遵循的是道德律或绝对命令。这种绝对命令是一切道德行为的最高标准，没有这种命令便无法辨别善恶。因此这种绝对命令不是强制的是发自内心自愿遵行的一种原则，也就是意志自己为自己立法，就是意志的"自律"。一切道德法则的唯一原理便是意志自律，而纯粹实践理性的基本法则就是"这样行动：你意志的准则始终能够同时用作普遍立法的原则。"② 这种道德法则，是理性自己为自己立法、自己遵守。康德在伦理学上实现了"哥白尼式的革命"就是把"是"和"应该"区分开来，认为道德哲学研究的是"应然"的领域。主张不是他律而是自律，自己为自己立法。使你的意志的准则任何时候都能同时成为一条普遍的立法原则。这样一条道德律，是自律而不是他律，不是为别的，是为道德而道德。自律的原则是康德的最高原则。

三　纯粹实践理性的局限性在于德性原则与幸福原则的分离

康德的伦理学是动机论。他认为，一个行为是否是道德的行为，要看行为本身的动机是否是善良的，而不是看行为本身或是行为的结果。比如说友爱，友爱不是为了得到别人的赞许，或是为了获得别人的帮助，而是为了应该友爱而与他人友爱。只有这样的友爱才具有道德上的意义。为了保证道德的崇高性康德把意志的动机和结果割裂开来，使它们属于不同的两个世界即理智世界和现象界。作为自然存在和理性存在的人，既要服从自然法则的必然要求，又要遵从理性法则中的道德原则，而纯粹实践理性的局限性，使人的行为动机和效果的分离，使现实

① ［德］康德：《道德形而上学原理》，上海人民出版社 1986 年版，第 42 页。
② ［德］康德：《实践理性批判》，商务印书馆 1999 年版，第 31 页。

世界中追求的幸福原则与理智世界中的德性原则相分离。而德性与幸福相一致才是最完满的善，是至善。关于幸福和德性的问题，自古以来斯多葛派和伊壁鸠鲁派就是争论不断，斯多葛派认为道德就是为了道德，在生活中只要追求道德就可以了，不要谈什么回报，道德本身就是一种幸福。道德包含有幸福。而伊壁鸠鲁派强调追求幸福，幸福才是人们所要追求的，追求到了幸福也就是道德上的幸福。幸福就是道德，幸福包含道德。不难看出，无论是斯多葛派还是伊壁鸠鲁派关于幸福和德性的关系的判断都是一个分析判断，而康德为了解决纯粹实践理性所带来的片面性，而提出一个"德福一致"的先天综合判断。如何才能使道德和幸福达到一致呢？那就需要实践理性提出一种假设，这个理论假设有三个公设，即意志自由、灵魂不死和上帝存在。我们必须创设有一种自由，这种自由是冲破了感性的束缚，由理性的道德法则来决定自己的意志，也就是意志自由，只有这样，我们才能设立一个"至善"的最高理想；由于理性的有限性，我们不可能在今生便达到"至善"的状态，加之今生做了很多好事，但未能得到应有的回报，因此我们必须设定灵魂不死，以便到来世得以实现；而为了调和两个世界，必须要设立一个上帝，上帝是公正的，是最终的调和者。在这三大悬设中，自由意志是最根本的，因为一旦我们有了自由意志，就要有德性的要求，有了德就会去追求"至善"的东西，这种"至善"又包括了幸福和德性两种，因此要想使幸福和德性相匹配，使幸福在现实中得以实现，就要对灵魂不死和上帝存在进行悬设。显然我们看到了康德理论上的某种不彻底性，他的二元论使"实然"与"应然"完全割裂，使康德的道德法则的实现与现实生活脱离，成为一种抽象的形式主义的东西。

第五节　黑格尔在绝对理性基础上实现了伦理理性和道德理性的统一

黑格尔是德国古典哲学的集大成者，作为一位百科全书式的哲学家，他所建立的严密的、庞大的哲学体系，在完成了形而上学的同时，又标志着德国古典哲学的终结。在黑格尔的整个哲学体系中他十分重视伦理学，著有《伦理学体系》和《法哲学原理》。他的其他著作中比如

《哲学全书》、《精神现象学》、《哲学史讲演录》等都包括大量的伦理思想。黑格尔在批判地继承了康德的理性主义伦理思想的基础之上，建立了无所不包的、纷繁复杂的客观唯心主义伦理体系。康德所强调的纯粹理性，到黑格尔这被发展成了绝对理念，从逻辑的历史的辩证的角度来思考道德。如前所述，作为德国古典哲学的开创者的康德，康德的二元论哲学使事物分为现象和物自体两个方面，虽然康德在证明了科学知识的普遍必然性的同时又为自由、道德和形而上学预留了空间，但是康德的二元论使他始终无法调和二者的矛盾，无法建立统一的哲学体系。而这项工作只能由后来的人完成这一伟大的事业，康德之后，费希特和谢林都试图解决康德的二元论问题，均未取得成功。而此时黑格尔登上了历史舞台，黑格尔更多地关注不是理论理性而是实践理性，关注自由和形而上学问题。黑格尔看到了人的自由、人的价值和尊严等，黑格尔认为："人类自身像是这样地被尊重就是时代的最好标志，它证明压迫者和人间上帝们头上的灵光消失了。"① 黑格尔哲学的主要问题就是如何消解康德的自在之物，并建立一个完满的哲学体系，也就是如何解决思维和存在同一的问题。思维和存在的问题也是近代哲学的主要问题。按照黑格尔在《哲学全书》中所列的形而上学的体系，包括三个部分：逻辑学、自然哲学和精神哲学。自然哲学包括物理学、化学和生物学。精神哲学中的主观精神包括人类学、精神现象学和心理学；客观精神包括法哲学和历史哲学；绝对精神既是主观的又是客观的，包括艺术哲学、宗教哲学和哲学史。黑格尔哲学包含了理性主义和逻辑主义，充满了能动的辩证法思想，他把逻辑、认识论和本体论有机地结合在一起。在真正意义上实现了形而上学成为科学之科学的最高理想。

　　康德认为，真正的自由就是意志的自我规定和普遍性，独立于外界的感性质料。要获得自由必须以理性为主线，彻底地断绝和感性的来往。黑格尔虽然充分肯定了康德自由理论对主观自由的揭示，但是黑格尔认为，只强调单纯的主观性和主体的绝对权威而不向外在的客观性过渡，只能使这种道德观是一种无内容的、空虚的形式主义。对现实社会中的人是毫无意义的，人们完全可以不按照康德的绝对命令而行事，因

---

① 《黑格尔通信百封》，苗力田译，上海人民出版社 1981 年版，第 43 页。

为他们完全可以采用不道德的行为，这对他们不会产生什么影响。因此，康德这种摆脱一切感性束缚的道德律，并不能使人获得真正的自由。要想使自由达到真正的普遍性，不要仅仅停留在主体世界里面的反思活动，而应该将这种主体的反思外化在客观上，使主客观相统一，给自由以客观实在性，使人能够真正实现自由。自由是黑格尔法哲学的出发点，他认为自由是人的本质，是有理性的人所固有的。他认为人类的历史就是自由的实现过程，他说："整个世界的最后目的，我们都当作精神方面对于它自己的意识，而事实上，也就是当做那种自由的实现。"① 黑格尔在《法哲学原理》导论中对意志的自由进行了层次上的划分。主要分为：抽象的自由、任意的自由和具体的自由。抽象的自由属于自由的第一个层次，也是最低级的，这种抽象的自由不受任何事物的限制，可以放弃一切，不追求任何目的。这种自由把一切都看成是空的、虚无的，黑格尔把它称为否定的自由。人可以对一切说不，这就是人所具有的自由。这种自由是盲目的、抽象的，而当人们意识到我们还可以追求某种目的或是面对不同的实现途径做出选择来实现目的的时候，自由便进入了第二个阶段，即任意的自由。当进入任意的自由阶段后，当我们选择了，追求到我们想要的，实现了目的之后，我们就会发现常常被我们所追求到的对象束缚，而又显得不自由了。如何才能摆脱束缚，实现自由呢？这就是自由的第三个阶段：具体的自由。当我们达到目的，但又不被对象所限制，得到的自由是最高境界的自由。从这三个层次，我们不难看出，抽象的自由是主观的，任意的自由是客观的，而具体的自由既是主观的，又是客观的，是主客观的统一。自由在主观方面所表现的是一种自由意识，但是在客观方面，自由作为人的本质，所表现出来的是人通过实践来表现它的现实本质。因此，黑格尔认为道德不能停留在人的自我意识当中，道德也是一种法或一种权利，是一种主观意志法，只有在过渡到伦理中才能得以实现。

在黑格尔的法哲学体系中，自由意志的定在表现有外在与内在两种，外在的表现形式就是法。法是自由的定在，自由意志是法的基础。黑格尔在自由的第二个层次，任意的自由中探讨了法的相关内容。任意

① ［德］黑格尔：《历史哲学》，上海三联书店 1958 年版，第 56 页。

的自由本身包含着形式和内容两方面，就形式而言是主观的，就内容而言又是客观的。在任意的自由行为中，主观和客观是对立的，表现出一种矛盾。所以从道德角度进行评价时，有人就说形式上的自由是善的，内容上的自由是恶的。很多人持有这种性善、性恶的观点，黑格尔则认为性恶说更有其积极的作用，如果说人性本善，那么就不需要任何自由意志了，正是因为人有恶的一面，才需要自由意志的帮助使人性的恶走向善，通过人的自由意志来获得善。因此，我们既不能把内容上的恶给排除掉，又不能不要自由，所以我们就需要一个合理的体系来把这种任意上的冲动加以约束，这就是法。法制定出一些规范，这些规范使我们实现自己的自由意志。法是一种客观的自由意志，在这里单个人的意志变成了一种普遍意志，解决了形式与内容之间的矛盾。黑格尔的法哲学体系正是从抽象法到道德、伦理这样一个由抽象到个体的过程。

在抽象法中，黑格尔论述了人格和所有权、契约、不法三个阶段。每一阶段又都围绕人格展开。人不仅包括人自身，还包括人格。黑格尔说："在有限中体现无限。"也就是人身是有限的，但人格却是无限的。人格本身的权利就表现为所有权。所有权是抽象人格的定在，是自由意志在外部所表现的对物的一种占有，使自由意志客观化，这种所有权"不在于满足需要，而在于扬弃了人格的纯粹主观性"。① 意志对物的方面，所有权有三种规定性占有、使用、转让。物的占有体现为三种方式，身体的把握、以给物定形和标志性地占有某物。在感性世界中，身体会接触很多东西，人的意志可以直接体现在这些物中，表示一种单一性的占有；人给予物以特定的形态，使其变成新物，这是一种特殊性的占有；标志性的占有就是把物标记上表示占有，物就是一种标志，标志着我已经占有它了，我的意志已经体现在物之中了。别人看到这样的标志也就不会占有它，而当我看到别的物有这样的标志后我也不会去占有该物。达到了一种普遍性的占有。黑格尔认为，谁使用土地，这块土地便是属于谁的。黑格尔认为，物在使用过程中就体现了物的价值，这种价值是可以转让的。然而，人格、意志自由、伦理和宗教是不可以转让的。在物的转让过程中，双方要达成协议，体现共同意志，这就是缔结

---

① ［德］黑格尔：《法哲学原理》，商务印书馆 1961 年版，第 45 页。

契约。契约把两个不同意志联系起来，达到双方一致认可的统一，完成所有权的转让。虽然签订了契约，形成了共同意志，但是当事人的意志还是特殊意志，充满了任意的自由，这样就避免不了会破坏契约中的共同意愿，当它被欲望、利益所诱惑时就会背弃约定，陷入不法之中。由于不法行为对意志所体现的外物的强制，造成了对我的自由意志的强制。对这种不法的强制的扬弃就是道德。

从意志的发展来看，它是一个自我实现的过程。在抽象法阶段它是抽象的、直接的、自在的存在，意志体现在外物中，具有了现实性。而在道德领域，道德是主观意志的法，意志以自身为目的，通过不断扬弃自己而在意志内部实现自我。黑格尔在《法哲学原理》中对道德和伦理进行了区分，他缩小了道德的使用范围，只在主体意志的内在方面使用道德。认为道德是"主观意志的内部规定"。自由意志在抽象法阶段是自在的，而在道德阶段却是自为的，是自己对自己内部的反思。从外部转身向了内心，是法的一种内部规定。抽象法与道德虽然同属于法的规定，但是它们还是有所区别的，抽象法是外在的，道德是内部的；抽象法是强制是禁令，道德是自觉的规定；抽象法是否定的，道德是肯定的。道德表明的是一种人与人之间的应该的关系，它的发展是一个驱向善的过程。道德包括三个层次，故意、意图和良心。故意表现在物上，是对物的欲求，是主观意志的故意。故意带来责任，这种行为是你故意做出来的，那么你就要负起责任来，"凡是出于我的故意的事情，都可归责于我"①。如果不是出于主体的故意，就不需要负责任。由于认识的有限性，我们只能预见到最近的结果。但是，如果在做这件事之前你就已经预见到了结果，还愿意这样做，并愿意承担相应的责任，那么就从道德的第一阶段故意进入了道德的第二阶段意图。故意是个别的、直接性的，是行为直接的定在，而意图是普遍物，涉及此定在的目的。意图包括一种目的的特殊物，叫作福利，是行为者感兴趣的，所要提高和促进的一种目的。黑格尔充分肯定了人的一种需要和对幸福和福利的追求。个人福利与抽象的法相比较，要从属于法，但在危及生命的情况下又可以为了福利而违法，福利与法的这种矛盾，只有在善的阶段才能得

---

① ［德］黑格尔：《法哲学原理》，商务印书馆 1961 年版，第 118 页。

到解决。善中包括福利与法，福利在善中成了普遍的福利，而法也具有了现实必然性。善是福利和法的统一，是特殊和普遍的意志统一。所以"福利没有法就不是善同样，法没有福利也不是善"①。善的发展包括三个环节，善是人的希求对象，是特殊意志；知道什么是善；善的设定者，即良心。善只有通过主观意志才能实现出来，是主观意志的目的所在，善良在个人的愿望中是以特殊意志的形式出现。善的本质就是一种义务，义务是一种普遍福利，与康德的义务论不同，黑格尔把义务和利益相结合，由特殊上升到具体普遍。良心使普遍的善具体化，是善的规定者、设定者。黑格尔把良心分为真实的和形式的。而在道德领域探讨的正是这种形式上的良心。形式上的良心属于个人主观的东西，如果形式良心把人的特殊意志和主观任意性作为原则，并以外在行为来实现它，那么必然会走向恶。道德和恶来自良心，来自绝对的自我确信。黑格尔认为，善恶是不可分的，他们均与意志相关联，充分肯定了恶的作用。恩格斯对黑格尔的这一看法表示了肯定，"在黑格尔那里，恶是历史发展的动力的表现形式"②。真实的良心需要把普遍意志作为自己的原则，使法和道德相统一，这只有在伦理阶段才能得以实现。

　　道德体现在客观性上就进入了伦理阶段，伦理是表现在外的一种好的制度，是主观的道德把它实现出来，伦理是抽象法和道德的统一。在法的领域，自由只有外在的客观性；在道德领域，自由只有内在的主观性；在伦理领域，自由既是主观又是客观的，是一种自由的理念，是真正的自由。伦理有三个环节：家庭、市民社会、国家。家庭以爱作为基础，两个人因为相爱才组建家庭，在家庭中彼此不再孤独，获得对方的承认，在他人身上找到自己，是直接的或自然的伦理精神。包括婚姻、财产、子女教育三个方面。婚姻既不是一种单纯的性关系，也不是一种契约，而是一种伦理性的，婚姻要依据法并有爱的基础才能形成。财产在家庭中体现为共同财富，在家庭中，人的私心变成了对共同体的关心和责任，为了共同利益而谋取财富。子女是夫妻之间爱的关系的客观体现。父母有义务教育子女，当子女长大成人，便离开家庭，进入市民社

　　①　[德] 黑格尔：《法哲学原理》，商务印书馆1961年版，第132页。
　　②　《马克思恩格斯选集》第4卷，人民出版社1995年版，第237页。

会。在市民社会中，每个人都以自身为目的，以追求私利而满足自身为前提，并与他人发生着各种联系，个人必须通过他人的中介以满足自己的需要。在市民社会中，需要刑法和民法这样的司法体系来帮助调节那些出于利己的活动，而警察不但管理着市民社会的一些共同事业，还要维护市民社会的秩序。而为了保护本行业的利益，就有了同业公会的出现，同业公会调节行业内与行业外的一切矛盾。然而警察和同业公会的调节范围却是有限的，这就要求必须有更高一层的机构来管理和监督，于是就进入了国家部分的讨论。黑格尔认为，国家是"伦理理念的现实"；是"伦理精神"的"完成"；是"神在地上的行走"；是"地上的精神"。黑格尔十分重视国家理论，他认为，一个人必须在国家中生活，成为国家成员。他不同意卢梭的国家契约论，认为国家不是共同意志的体现，而是普遍意志的体现。国家理念的发展经历了国家法、国际法和世界历史三个环节。国家是伦理精神在现实世界中的存在，对抽象法和道德的有限性和片面性进行扬弃，达到自由的理念。而我们所研究的不是某一个国家，而是国家的一种内在的本质的东西，在解决国家之间的各种矛盾时也就突出了国际法的作用，最后黑格尔认为世界历史是"精神的历史"，是自在自为的理性。黑格尔在绝对理性的基础上实现了伦理和道德的统一。

第四章 马克思对黑格尔和费尔巴哈伦理—道德思想的反思批判及其变革方式

在黑格尔哲学到达鼎盛时期，也预示着它的解体，黑格尔逝世之后，黑格尔学派解体，分为正统黑格尔派和青年黑格尔派，哲学陷入了重新探索新方向、新问题的时期。正统黑格尔派赞同并试图发展黑格尔的哲学理念，而青年黑格尔派则对黑格尔哲学进行了批判。大卫·施特劳斯把黑格尔的精神实体绝对化，但仍然是一种客观唯心主义，而布鲁诺·鲍威尔则把自我意识不断地夸大，以自我意识扬弃了上帝，但仍然是一种主观唯心主义。施金纳针对黑格尔哲学的神秘思辨，提出了人的本质即具体的人的本质，即"我即是一切事物的尺度"。施金纳的"超人道德"显然是不符合逻辑的，与现实社会相对立的。费尔巴哈揭示了黑格尔哲学体系的矛盾，提出了与感性密切相关的唯物主义主张，费尔巴哈认为精神应以自然为基础，感觉是一切知识的源泉，也是道德的源泉。费尔巴哈抨击唯心主义思辨伦理学，认为他们不是为人所建立的，而只是为理性的生物所建立的。他建议不要为哲学教授们写道德学，而应该为零工、樵夫等百姓大众写道德学，这才是最实际和实用的。费尔巴哈把人从天空召唤到地上，以人本学扬弃了绝对精神，但是费尔巴哈以"类本质"角度理解的人仍然是一种抽象的人，对人与人的关系也仅仅理解为一种道德关系而已。因此马克思认为，青年黑格尔派并没有超越或真正意义上否定黑格尔哲学，他们仍然在黑格尔哲学的体系中不断地徘徊，试图用黑格尔哲学的一部分来攻击另一部分或是全部，然而从他们的观点和论述中，我们发现他们的哲学立场依然是黑格尔的。因此要想从真正意义上彻底地对黑格尔哲学及其辩证法进行批判和改造，克服黑格尔哲学的局限性，就要创立一种新的哲学体系。马克思对黑格尔和费尔巴哈的伦理道德思想进行了反思和批判，并在吸收费尔巴哈的感性思想和黑格尔的辩证法思想的基础上，提出只有在感性活动基础上才能真正做到道德与伦理的统一。建立了历史唯物主义的伦理思想，使伦理思想发生了根本性的变革。

第一节   马克思对黑格尔伦理—道德思想的反思批判

马克思对黑格尔的辩证法思想给予很高的评价，并批判地吸收了这一思想。而黑格尔的辩证法思想可以说主要是通过把外在的伦理理性和内在的道德理性统一起来才能形成。在黑格尔看来，在道德领域中，人所获得的并不是真正的自由，而是一种抽象的自由、形式的自由。只有道德向更高一个层次即伦理领域过渡，才能使人获得真正的自由。"智慧与德行，在于生活合乎自己民族的伦常礼俗。"① 伦理是一种客观精神，是现实的生活世界的精神和秩序，道德是一种理性的反思，是在既有的伦理关系中形成的，推动伦理的进步与发展。"黑格尔认为个人的权利是属于社会秩序之中的，只有在社会秩序中它们的个体性才能得到实现，并且只有当它们的本质在客观的伦理秩序中获得真理性的时候，这种情况才会发生。"② 同时，马克思十分重视黑格尔在辩证法上的重大贡献，他说："黑格尔的《精神现象学》及其最后成果——辩证法，作为推动原则和创造原则的否定性——的伟大之处首先在于，黑格尔把人的自我产生看作一个过程，把对象化看作非对象化，看作外化和这种外化的扬弃，可见，他抓住了劳动的本质，把对象性的人、现实的因而是真正的人理解为他自己的劳动的结果。"③ 马克思在肯定黑格尔精神的能动性原则的基础上，批判继承了黑格尔关于劳动是人自我创造的过程的思想，并提出了实践的原则，最后马克思吸收了黑格尔关于历史是有规律的发展过程的思想。马克思致力于把黑格尔的辩证法与现实的人

---

① ［德］黑格尔：《精神现象学》上卷，贺麟译，商务印书馆 1981 年版，第 235 页。
② ［德］黑格尔：《法哲学原理》，商务印书馆 1961 年版，第 172 页。
③ ［德］马克思：《1844 年经济学哲学手稿》，人民出版社 2008 年版，第 101 页。

及其历史发展过程联系起来，把绝对理念的必然的有规律的辩证运动转变为实践辩证法。

一　黑格尔把伦理理性与道德理性统一起来的历史意义

黑格尔指出认识活动本身就是理性自己对自己的一种考察和分析，是理性活动的辩证运动。世界是思想的世界，理性的世界，理性是世界的灵魂，理性居住在世界中，思想是主观精神和外在事物的共同本质、共同来源，思想既是外界事物的实体，又是精神的普遍实体。而这种理性在黑格尔这里表示为一种精神，精神不仅是理性的认识能力或是自我意识，而是具有实体性，在历史中的能动性的主体。人类精神的探险旅程正是认识绝对的过程，这种绝对自身通过人类精神而变成现实，成为"绝对精神"。也就是说，人类精神的认识活动即绝对精神的自我运动，因为人类精神就是绝对精神的定在，绝对理性是人与自然普遍共有的，而人的理性最初是主观的、肤浅的、片面的，只有在与自然、他人的斗争中，才能使普遍的绝对理性内化于自身，成为普遍性与特殊性，内与外相统一的定在。它不断完成绝对精神所给予的任务。黑格尔认为，人类社会的发展史就是一部人类精神的发展史，社会就是主客体的统一体，它从统一到分化，再重新回到自身统一的发展过程。相应的精神主要是经历了真实的精神即伦理、自身异化了的精神即教化、对自身具有确定性的精神即道德三个阶段。人类精神实现了主体与客体之间的统一，实现了社会与个人的统一。在哲学中这种统一需要"绝对"的概念式的把握才能得以实现。只有将伦理理性和道德理性二者统一起来，才能真正发现和辩证地理解人类社会的客观规律。

首先，黑格尔在二者统一的基础上客观阐述人与社会的客观规律。

黑格尔伦理学的出发点是抽象的理念主体，法哲学中提到的人、家庭、市民社会和国家都是抽象的、精神的而不是现实的。市民社会中的人只是抽象的观念主体，是一种抽象的神秘主体，并不是现实的、感性的人。黑格尔哲学的理性主义，使他一方面认为我们有能力能够认识事物的本质；另一方面认为事物的本质就是理性或精神。把宇宙自然的本质看作理性或精神，把如此庞大的哲学体系完全建立在虚幻的基础之上。然而黑格尔的哲学体系是如此的严密、恢宏、庞大，更因为如此而终结了形而上学，虽然后人对黑格尔有很多批评和指责，但是我们不可否认的是黑格尔在哲学史上的贡献和伟大意义。

黑格尔认为客观精神阶段主要有三个发展环节，分别是"抽象法"、"道德"和"伦理"，其中，抽象法是客观的，道德是主观的，而伦理则是主客观相统一。马克思认为："黑格尔给现代道德指出了它的真正的地位，这可以说是他的一大功绩，虽然从某一方面（即这一方面：黑格尔把以这种道德为前提的国家冒充为伦理生活的实在观念）来说是不自觉的功绩。"① 道德作为伦理发展的一个环节，在主观意志内部还是处于康德式的道德，因此必须扬弃自身向更高阶段进发，因此当内在的道德理性进入伦理阶段时就会与伦理理性建立一种辩证统一的关系。使主客体、个人与社会、国家相统一。在家庭中，个人要服从家庭，个人发展受到忽视，而在市民社会中，黑格尔认为："在市民社会，每个人都以自身为目的，其他的一切在他看来都是虚无。"② 人们的欲望不断地扩大，在利益的冲突和角斗中，需要有一个协调、管理的体系，这样就上升到了国家，国家是客观精神发展的最高阶段。

马克思指出，黑格尔把伦理领域的三个环节的关系颠倒了，家庭、市民社会是现实的，而不是抽象的概念。"家庭和市民社会是国家的现实的构成部分，是意志的现实的精神存在，它们是国家的存在方式。家庭和市民社会使自身成为国家，它们是动力。"③ 没有家庭、市民社会的存在也就不会有国家的存在。马克思指出，市民社会以自身为目的、谋私利的人才是真正的人，"人就是人的关系、就是国家、社会，国家、社会产生了等级即颠倒的世界观，因为它的本身就是颠倒的世界观"。马克思指出："黑格尔使各谓语、各客体变成独立的东西。但是，他这样做的时候，把它们同它们的现实的独立性、同它们的主体割裂开来了。然后现实的主体作为结果出现，其实正应当从现实的主体出发，考察它的客体化。因此，神秘的主体成了现实的主体，而实在的主体则成了某种其他的东西，成了神秘的实体的一个环节。正因为黑格尔不是

---

① 《马克思恩格斯全集》第 3 卷，人民出版社 2002 年版，第 135 页。
② ［德］黑格尔：《法哲学原理》，商务印书馆 1982 年版，第 197 页。
③ 《马克思恩格斯全集》第 3 卷，人民出版社 2002 年版，第 11 页。

从实在的存在物（主体）出发，而是从谓语、从一般规定出发，而且毕竟应该有这种规定的体现者，于是神秘的观念便成了这种体现者。黑格尔没有把普遍东西看作现实有限物的即存在的东西的、被规定的东西的现实本质，或者说，他没有把现实的存在物看作无限物的真正主体。"① 马克思把抽象的人和市民社会从黑格尔的神秘世界中解放出来，从现实的人和市民社会对黑格尔的国家至上论进行了批判和改造。

其次，黑格尔在二者统一的基础上创立了唯心辩证法。

哲学研究的对象是某种普遍的、无限的东西，当我们用自然科学的方法或是知性的范畴去认识对象时，获得的知识却是有限的，因此自希腊哲学开始我们一直面临着有限和无限的矛盾困扰。近代主体性地位的确立，出现了主客二分的局面，近代哲学在方法问题上陷入了困境，利用何种哲学方法才能认识无限的对象呢？黑格尔认为出现上述问题的原因是思维方式的片面性所导致的，因此必须扬弃固定的思维方式，以一种能动的方式自我否定、自我证明，自我改变。黑格尔提出了既不同于古代朴素辩证法，也不同于康德的先验辩证法的思辨辩证法。在黑格尔看来，辩证法的本性，"一方面是方法与内容不分，另一方面是由它自己来规定自己的节奏"。② 辩证法不是单纯的外在的形式，是内容的灵魂所在，它是与事物内在的内容密不可分的。所以黑格尔认为科学方法："正是内容本身，正是内容在自身所具有的、推动内容前进的辩证法。"③ 黑格尔把自然、历史和精神理解为不断发展变化的、不断运动的过程。并把否定性看成是事物运动发展的真正的内在动力和生命力量。辩证的否定也是黑格尔辩证法的核心。马克思对黑格尔的辩证法还是给予了充分的肯定，在《资本论》第二版跋中，他说："辩证法在黑格尔手中神秘化了，但这决没有妨碍他第一个全面地有意识地叙述了辩证法的一般运动形式。"④ 在《1844 年经济学哲学手稿》中，对黑格尔的辩证法给予了很高的评价，并指出黑格尔抓住了劳动的本质，并认为只有劳动才是人的本质。

---

① 《马克思恩格斯全集》第 3 卷，人民出版社 2002 年版，第 32 页。
② ［德］黑格尔：《精神现象学》上卷，商务印书馆 1979 年版，第 39 页。
③ ［德］黑格尔：《逻辑学》上卷，商务印书馆 1977 年版，第 37 页。
④ 《马克思恩格斯全集》第 44 卷，人民出版社 2001 年版，第 22 页。

马克思在肯定黑格尔辩证法的巨大贡献的基础上，对其进行批判和改造，继承黑格尔辩证法的合理内核，创立唯物主义辩证法。马克思对黑格尔辩证法的批判和改造并不只是简单地把"绝对精神"换成"物质"，如果只是这样也就谈不上是一场哲学革命。马克思所要做的工作不是把黑格尔辩证法从天国拉到地上，简单地颠倒过来，而是如何使得黑格尔辩证法的合理内核在现实的基础上重建起来。于是马克思开始了对黑格尔辩证法的改造之旅。首先马克思指出了黑格尔辩证法是唯心主义的。黑格尔哲学的基本观点就是思维和存在同一的问题，也就是"绝对精神"自己实现自己。在黑格尔看来"绝对精神"就是上帝，是宇宙万物的动力和本原，"绝对精神"的发展过程是纯粹抽象的精神的辩证发展，并不指向客观事物自身的发展。因为，在黑格尔那里，人或人的本质是与自我意识相同的。马克思在《资本论》中说："我的辩证方法，从根本上来说，不仅和黑格尔的辩证方法不同，而且和它截然相反。在黑格尔看来，思维过程，即他称之为观念而甚至把它转化为独立主体的思维过程，是现实事物的创造主，而现实事物只是思维过程的外部表现。我的看法则相反，观念的东西不外是移入人的头脑并在人的头脑中改造过的物质的东西而已。"① 马克思认为精神是不能独立存在的，观念的东西就是人脑对外界事物的反映。马克思站在唯物主义的立场对黑格尔辩证法的唯心主义进行了批判和改造。同时，马克思也指出了黑格尔唯心主义的局限性，黑格尔说哲学是时代的产物，这个思想是毋庸置疑的。黑格尔哲学的思想就反映了当时德国的实际情况，也代表了当时资产阶级的利益。也就使得辩证法失去了彻底的革命性，而只能向当时的政治低头。因此马克思从无产阶级的立场出发对黑格尔的辩证法进行了改造，他在《黑格尔法哲学批判导言》中指出："哲学把无产阶级当作自己的物质武器，同样，无产阶级也把哲学当作自己的精神武器"；"这个解放的头脑是哲学，它的心脏是无产阶级"。② 辩证法只有与无产阶级相结合才能是真正的科学的体系。

最后，马克思从实践思维超越黑格尔的思辨思维来重新理解人、自

---

① 《马克思恩格斯选集》第 2 卷，人民出版社 1995 年版，第 111 页。

② 《马克思恩格斯选集》第 1 卷，人民出版社 1995 年版，第 15—16 页。

然及人类社会的历史发展。

　　人的本质在黑格尔看来就是人的自我意识，人等同于人的自我意识，是一种纯粹的精神。这种抽象的人被马克思的现实的人所取代，马克思认为人就是有血有肉的，站在地球上呼吸的实实在在的人，他们是从事生产实践活动的感性的人。同样自然界也被黑格尔禁锢在了思想当中，是一种抽象的自然，在思维中运动的自然。黑格尔说："凡是在自然界里发生的变化，无论它们怎样地种类庞杂，永远只是表现为一种周而复始的循环：在自然界里真实'太阳下面没有新的东西'，而它的种种现象的五光十色也不过陡然使人感到无聊。"① 马克思以现实的自然替代抽象的自然，自然界为人提供了生活资料，人离不开自然界，是自然的一部分，人要靠自然界提供的食物、空气等物质来生存。不仅获得肉体方面的需要，同时也在自然身上汲取精神养料。人只有在这种感性的、现实的自然中才能够生活。虽然黑格尔揭示了劳动的本质，但是他只承认精神劳动，认为纯思维的活动才是最自由的活动，人的生产活动中只是精神外化的一种表现形式，完全颠倒了思维与存在的关系。马克思批判了黑格尔的精神劳动，把自由自觉的劳动看成是人的本质，并指出了对人来说最基本的劳动是在自然中所进行的对象性活动，即生产实践活动。马克思以实际劳动代替精神劳动，从而创立了实践辩证法。马克思正是以这种实践的思维方式，冲破黑格尔的唯心主义体系的藩篱，构建了历史唯物主义，并旨在认识和改造世界，实现人的全面自由的发展。

二　黑格尔的局限性在于绝对理性本身不具备内外合一的机能

　　马克思在《1844年经济学哲学手稿》中指出："因为黑格尔的《哲学全书》以逻辑学，以纯粹的思辨的思想开始，而以绝对知识，以自我意识的、理解自身的哲学或绝对的即超人的抽象精神结束，所以整整一部《哲学全书》不过是哲学精神的展开的本质，是哲学精神的自我对象化；而哲学精神不过是在它的自我异化内部通过思维理解即抽象

---

　　① ［德］黑格尔：《历史哲学》，商务印书馆1956年版，第94页。

地理解自身的、异化的宇宙精神。"① 也就是说，黑格尔的哲学思维方式是从抽象思维到抽象思维，以绝对精神为起始，最后以绝对精神为结束。他把人类历史理解为一种精神的生产史，即一种思辨的抽象的思维生产史。并且把人的本质等同于自我意识。这样一来，黑格尔的辩证法也自然成了抽象思辨的辩证法，把"绝对精神"看成是客观事物发展的规律和动力所在。辩证法的客观性、发展性和革命性的本质在黑格尔这里已经不见踪影。马克思在黑格尔哲学思维方式的理论缺陷的基础上展开了对其哲学的批判。

黑格尔在《精神现象学》序言中说道："照我看来，——我的这种看法的正确性只能由陈述本身来予以证明———一切问题的关键在于：不仅把真实的东西或真理理解和表述为实体，而且同样理解和表述为主体。"② 换句话说：实体即主体。在黑格尔看来，实体本身具有一种能动性，本身就包括否定性和矛盾，它通过自身潜在的动力可以展开自身成为现实。而当我们把实体理解为主体时，也只有实体真正成为主体，从展开自身后又回到自身同一的时候，才能说明它的现实性。实体的运动就是以自己为起点，自己展开自己，以自己为终点，自己完成自己的一种"圆圈"。整个世界的发展也是由多个圆圈形成的永不停息的大圆圈。黑格尔的这种哲学原则让我们理解到他的哲学的思辨性，在黑格尔那里这种精神或理性完全是一种无人身的抽象的理性，他把整个世界的发展都理解成为精神世界的发展史。这种精神或理性没有可以对照的外部现实世界，它们找不到可以和自己相对立的客体，或者相结合的主体，所以只能从自身出发，从自身中找到和自己对立的并能够结合的对象，从自身中分离出来一个和自己相区别的东西，也就是在思想内部思想与思想之间的不断变化。"所以它只得把自己颠来倒去：设定自己，把自己跟自己相对立，自相结合——设定、对立、结合。"③ 不难看出，黑格尔的思辨哲学实际上就是思想对思想的来回颠倒，其本质缺乏现实性，对事物的理解也只是通过不断的抽象，到最后也就只剩下一切逻辑

① ［德］马克思：《1844 年经济学哲学手稿》，人民出版社 2000 年版，第 98 页。
② ［德］黑格尔：《精神现象学》上卷，商务印书馆 1979 年版，第 10 页。
③ 《马克思恩格斯选集》第 1 卷，人民出版社 1995 年版，第 138 页。

范畴了，那么在我们身边的一些实实在在的存在物也就会在抽象的世界中被隐藏起来，现实世界在他看来就是精神世界的外化，世界最终变成了抽象的逻辑范畴。因此，以这样一个无人身的抽象的理性作为主体，无法实现伦理理性与道德理性的真正合一，这样绝对的、抽象的理性不具备这种合一的机能。马克思认为，上述谈到的"设定、对立、结合"，就是正题、反题和合题。黑格尔的哲学体系正是按照这样的结构进行构造的，以纯粹的思辨的思想开始，经自我否定，自我认识和理解，最终以绝对精神结束。他把人们对客观事物的认识过程理解为一种抽象的形式，马克思把黑格尔的这一思想加以批判改造把它应用到现实中去，在《资本论》中，马克思把资本主义生产方式作为研究对象，而不是抽象的逻辑概念，研究资本的目的不是要建构纯粹的体系，而是要揭示资本主义的发展规律。也只有在真正的生产实践中，我们才能真正地发现人的本质，把现实中的人作为道德和伦理的主体，人们一方面通过道德要求不断地提高自己的道德修养；另一方面要自觉自愿地服从伦理制度对自己的规定和要求。

第二节　马克思对费尔巴哈伦理—道德思想的批判性反思

1839 年，费尔巴哈发表了《黑格尔哲学批判》，正式宣布与黑格尔的思辨哲学分道扬镳。1841 年，费尔巴哈出版了代表作《基督教的本质》，他认为黑格尔思辨哲学与宗教在本质上具有一致性。费尔巴哈反对黑格尔的思辨哲学体系以及宗教神学，"费尔巴哈不满意抽象的思维而喜欢直观"。[①] 他揭示出"绝对精神"不是抽象的、纯粹的理性，而应该是现实的人和现实的人类社会。费尔巴哈认为人不仅仅是精神的还是物质的，人是一种真实的存在，是有血有肉的现实中存在的人，人的生活以及人与人的社会关系也是真正存在的现实的东西，这些"物质的东西和精神的东西的真实的、非臆造的、现实存在的统一"。[②] 费尔巴哈回到了 18 世纪唯物主义伦理学的出发点，强调人的感觉，并以此

---

① 《马克思恩格斯选集》第 1 卷，人民出版社 1995 年版，第 56 页。
② ［德］费尔巴哈：《费尔巴哈哲学著作选集》下卷，商务印书馆 1984 年版，第514 页。

来说明道德的源泉和基础原则。马克思说:"费尔巴哈把形而上学的绝对精神归结为'以自然为基础的现实的人',从而完成了对宗教的批判,同时也巧妙地拟定了对黑格尔的思辨以及全部形而上学的批判的基本要点。"① 马克思还说道:"费尔巴哈是唯一对黑格尔辩证法采取严肃的、批判的态度的人;只有他在这个领域内作出了真正的发现,总之他真正克服了旧哲学。"② 马克思给予费尔巴哈高度的评价,费尔巴哈的人本学思想对马克思哲学有着重要的影响。受费尔巴哈感性思想的影响,马克思提出了实践思想,实现了哲学的革命性的变革。然而费尔巴哈的"人",还是一种抽象的人,生物学意义上的人,所以马克思在肯定了费尔巴哈的历史功绩的同时,对他的局限性进行了深入的揭示。马克思在《关于费尔巴哈提纲》中指出:"从前的一切唯物主义(包括费尔巴哈的唯物主义)的主要缺点是:对对象、现实、感性,只是从客体的或者直观的形式去理解,而不是把它们当作感性的人的活动,当作实践去理解,不是从主体方面去理解。因此,和唯物主义相反,能动的方面却被唯心主义抽象地发展了,当然,唯心主义是不知道现实的、感性的活动本身的。"③ 费尔巴哈的哲学根本局限在于它的直观性,以感性方式建立抽象的伦理学。

一　费尔巴哈在感性自然人的基础上恢复了唯物主义的权威

费尔巴哈认为感觉是认识的基础,感官所感受的东西才是人最值得相信的东西。人的感官得到了均衡的发展,它不同于动物的感官,因为人所感受的对象是包含着人和自然在内的一切现象,他"与那些自绝于感官的哲学相反,把感性的东西确定为直接具有现实性的"④。除了感觉之外人还具有理性和思维,思维借助于感性活动作用于对象从而获得材料,通过对象产生思维。费尔巴哈所认为的对象就是人和自然,是哲学唯一的对象。因此他说:"观察自然、观察人吧!在这里你们可以

① 《列宁全集》第 55 卷,人民出版社 1990 年版,第 29 页。
② 《马克思恩格斯全集》第 42 卷,人民出版社 1979 年版,第 157—158 页。
③ 《马克思恩格斯选集》第 1 卷,人民出版社 1995 年版,第 54 页。
④ [德]费尔巴哈:《费尔巴哈哲学著作选集》上卷,商务印书馆 1984 年版,第 251 页。

看到哲学的秘密。"① 费尔巴哈要为人恢复自然的本性，认为只有感性的人才是真正的主体。一方面，人是自然的一部分，生命源于自然，自然是人类的母亲，人是自然中有理性的高级动物，人的本质属性是自然所给予的，人只有在自然中才能成为真正的人，才能认清自己的本质。同时人又依赖自然界，自然是人得以生存的前提和基础，通过自然界为我们提供物质材料，人才能满足肉体上的需要，才能够生存下来；另一方面，自然界也是人的一部分，自然界中的物质诸如水、空气、植物、动物等，它们不仅仅是科学研究的对象，同时也是人们欣赏创造美的对象，是人的意识的一个部分，它也是人的精神的一部分。因此人们在自然中不仅得到物质材料，也获得了精神食粮。人的肉体需要和精神需要都来自自然，因此我们认为人属于自然，自然也属于人。费尔巴哈正是从人本学出发，以人和自然作为哲学的基础，提出了物质第一性，思维第二性，恢复了唯物主义的权威。

马克思认为，费尔巴哈所理解的"人"，只是生物学意义上的人，是抽象的人。虽然费尔巴哈提出了类存在物，来解释人不是孤立存在的，人与人之间存在着一定的关系，但是这种关系在他看来只是抽象的交往关系。"类"只是一种脱离现实的抽象物，把类作为人的本质，也就使人变得抽象了，从社会中脱离出来。费尔巴哈只看到人的自然本性，而忽视了人的社会属性，然而这种离开了社会的自然人实际上是不存在的。把历史的发展理解为抽象人的发展，使费尔巴哈陷入了唯心主义，为此，马克思批判道："这样，整个历史过程被看成是'人'的自我异化过程，实质上这是因为，他们总是把后来阶段的普通个人强加于先前阶段的个人并且以后来的意识强加于先前的个人。由于这种本末倒置的做法，即一开始就撇开现实条件，所以就可以把整个历史变成意识的发展过程了。"② 由于在费尔巴哈那里，人是心理的、抽象的人，缺乏现实性、具体性和历史感，所以人只是被动地去接受外部自然，而不是主动地去改造自然，把人的实践活动看成仅仅是日常活动而已。他没有意识到人要想从自然中获得生活资料，首先应该进行物质生产实践，

---

① ［德］费尔巴哈：《费尔巴哈哲学著作选集》上卷，商务印书馆 1984 年版，第115 页。
② 《马克思恩格斯选集》第 1 卷，人民出版社 1995 年版，第 130 页。

只能通过实践这一中介，才能获取生活必需品和相应的劳动产品，人只有实践它、开发它，才能使它成为现实。马克思所提到的人不再是费尔巴哈所说的抽象的人而是人化自然中的现实的人。

二　费尔巴哈的局限性是以感性直观的方式建立了抽象爱的伦理学

费尔巴哈认为："思维与存在的统一，只有将人理解为这个统一的基础和主体的时候，才有意义，才有真理。"① 因为人是有理性的，所以在人身上才存在思维与存在同一的问题，人能够认识自然，并通过思维反映客观存在。思维的这种反映不像黑格尔那样的抽象，而是通过感性直观来把握外在的客观事物。对费尔巴哈而言，感性直观是最基础的原则，也是检验生活实践的标准。直观是费尔巴哈哲学的基础，在他的整个哲学体系中，始终贯穿着这种直观。他的感性直观体现在，他只看到了自然界的一些变化，而不是真正意义上的辩证法，并没有真正理解这些运动变化的根本原因就是实践。而关于人与人之间的关系问题，费尔巴哈认为道德只能借助于"我"与"你"的关系中才能体现出来，爱是道德的基础和源泉，主张对他人的爱与对他人的幸福给予必要的关注。他认为爱是人与人之间的本质体现，也是人与人之间的中介和桥梁，这种爱却是抽象的，这种爱的发现也要通过感性直观来把握，这种类的直观就是一种真理。恩格斯指出："他把人作为出发点；但是，关于这个人生活的世界却根本没有讲到，因而这个人始终是在宗教哲学中出现的那种抽象的人。"② 也就是说，这样的人不是生活在现实生活中，历史中的人，只是宗教哲学中的一种抽象意义上的人。他把人与人之间的关系仅仅理解为道德一个方面而已。因此，当费尔巴哈用感性直观的方面去理解人与人之间的关系时，便把人及人与人之间的爱都抽象化了，使人脱离了现实社会、排除在历史之外，也就不自觉地陷入了唯心史观的旋涡而无法自拔。

马克思曾经指出如果没有工业、商业那么自然科学也就无从谈起，

---

① ［德］费尔巴哈：《费尔巴哈哲学著作选集》上卷，商务印书馆 1984 年版，第 180—181 页。

② 《马克思恩格斯选集》第 4 卷，人民出版社 1995 年版，第 236 页。

自然科学与工业、商业有着密切的关系，脱离实践去谈主客体的关系，或研究思维与存在都是没有意义的，因此必然要坚持实践的观点，以人的实践活动来改变客体。马克思在《德意志意识形态》中指出了费尔巴哈唯物主义哲学的根本局限性在于：直观性。他说："费尔巴哈对感性世界的'理解'一方面仅仅局限于对这一世界的单纯的直观，另一方面仅仅局限于单纯的感觉。"① 因此，费尔巴哈必然会陷入唯心史观，因为当他去认识人类社会的时候，他只是把人和人类社会作为他直观的内容，看到的只是肉眼中的现实的人。看不到人在社会历史发展中的作用，看不到人的实践活动对整个社会乃至整个历史的发展的推动作用。因此，马克思说："当费尔巴哈是一个唯物主义者的时候，历史在他的视野之外；当他去探讨历史的时候，他不是一个唯物主义者。在他那里，唯物主义和历史是彼此完全脱离的。"② 对于人与自然和人与社会的关系，我们不能单单地从客体方面去理解和认识，也就是不能单单地从感性直观的角度去理解，还应该从主体方面去理解，通过主体的社会实践活动去认识和理解自然和社会，这样才是对现实的人的真正理解。尽管费尔巴哈的"人"仍然是抽象的人，并把人的本质看成是一种"抽象的爱"，但是他对于人的关注，对现实的把握，对感性的挖掘，可以说对马克思哲学的形成和发展具有一定的意义和重要的影响。马克思正是在克服了费尔巴哈抽象的人和感性直观的基础上，把感性理解为生产劳动，发现了实践的意义，并以实践为出发点，创立了历史唯物主义，实现了哲学的伟大变革。

第三节　马克思在伦理—道德关系上的变革方式

众所周知，马克思哲学的实践思想的形成和发展深受费尔巴哈感性思想的影响，在《黑格尔法哲学批判》时期，虽然马克思认识到黑格尔哲学的思辨性、抽象性，以及"头脚倒置"等错误，但是由于当时的马克思仍然没有完全走出黑格尔思辨哲学体系，因此也就没有发现人

---

① 《马克思恩格斯文集》第1卷，人民出版社2009年版，第527页。
② 《马克思恩格斯选集》第1卷，人民出版社1995年版，第78页。

的现实性或人作为感性的存在。后来，受费尔巴哈的感性思想的影响，马克思在《1844 年经济学哲学手稿》中，对感性思想有了新的发现和认识，对黑格尔哲学的批判也有了新的高度并揭示了人的本质。"诚然，费尔巴哈比'纯粹的'唯物主义者有很大的优点，他承认人也是'感性对象'。但是，他把人只看作是'感性对象'，而不是'感性活动'因为他在这里也仍然停留在理论的领域内，没有从人们现有的社会联系，从那些使人们成为现在这种样子的周围生活条件来观察人们——这一点且不说，他还从来没有看到现实存在着的、活动的人，而是停留于抽象的'人'。"① 也就是说，费尔巴哈的感性只是停留在静止的存在的事物上，并没有把感性运用到人的实际生活中，人与人的关系和人与社会的关系当中。因此也就看不到感性对人、对社会乃至历史的重要作用。

马克思吸收了费尔巴哈感性思想并在此基础上进行了改造，马克思把费尔巴哈的"感性"思想能动地运用到人的现实活动中，植根于历史当中。不仅把人本身看作"感性的对象"，同时也是"感性活动"的主体，人要在自然界中进行"感性活动"，人所从事的一切活动都是感性的。并以此来克服黑格尔哲学的抽象理性或绝对精神的局限性，由无人身的理性转变为现实的人。而在与黑格尔思辨哲学的抗衡中，费尔巴哈的感性直观使唯物主义重新获得了主导地位。在费尔巴哈看来，真实的存在就是我们感觉到的、感性的存在。对于整个世界的把握也是通过感性直观来获得的。我们不仅可以通过我们的五官来感受到那些动听的声音、美好的事物，而且还能感受到一种欣赏、享受、智慧的东西，感觉不仅在事物之外还在事物之内，既是肉体又是精神的，二者是统一的。因此，费尔巴哈说哲学的开端只能是现实的东西，而不是那些所谓的神秘的东西。然而，费尔巴哈对感性的理解就是一种单纯的直观，并以这种感性直观的方式来把握客体存在。马克思指出这种单纯的直观是孤立的、静止的、抽象的。为了克服这些缺陷马克思在吸收黑格尔辩证法思想的基础上，以辩证法的能动性、批判性和革命性来克服费尔巴哈哲学的感性直观的局限性。马克思以感性活动代替了费尔巴哈的感性存

---

① 《马克思恩格斯选集》第 1 卷，人民出版社 1995 年版，第 77 页。

在，以实践的能动性克服费尔巴哈感性直观的僵化性，并在感性活动的基础上真正实现道德与伦理的统一。

一　吸收费尔巴哈的感性思想以克服黑格尔抽象理性的局限性

在费尔巴哈看来，哲学的对象不是黑格尔所说的绝对精神，而认为"哲学上最高的东西是人的本质"，"哲学是关于真实的、整个的现实的科学；而现实的总和就是自然（普遍意义上的自然）"①。关于人的本质，费尔巴哈认为人是自然的人，人就是人与自然的统一体，人的本质由自然所决定，在人对自然的关系中形成了人的本质。人同时也是社会历史中的人，费尔巴哈认为单个的孤立的人不具备人的本质。最后人是有理性的，因此人的本质也就包含着精神。虽然费尔巴哈从自然、社会、精神三个方面来理解人的本质，但是我们也看到了他的人本哲学的局限性，费尔巴哈的人是具有自然属性的、生物学上的抽象人，在社会属性上是"一种内在的、无声的、把许多人纯粹自然联系起来的共同性"②。并把人的理性、意志、心看成是人的绝对本质。对人的本质的认识和把握问题上，费尔巴哈采用的是感性的直观，他认为感觉是人最可靠的、最值得依赖的。虽然这种感性是僵化的，仅仅停留在理论领域当中。但是马克思却通过费尔巴哈的感性思想，发现了实践的奥秘。马克思指出虽然费尔巴哈把研究重点放在了感性客体上，但是他没有把人的活动本身看成是一种客观活动，因此，在费尔巴哈看来，人的真正活动是理论活动，并把犹太人的那种卑微的商业活动理解为实践活动。而在马克思之前的哲学思维方式一部分是从抽象的主体出发，另一部分则是直观的客体出发，而在主客之间总有一条无法逾越的鸿沟，使我们无法进入人的真实生活中来，因此实践的发现可以说是思维方式的一种变革。他说："人的思维是否具有客观的［gegenständliche］真理性，这不是一个理论的问题，而是一个实践的问题。人应该在实践中证明自己思维的真理性，即自己思维的现实性和力量，自己思维的此岸性。关于思

---

① ［德］费尔巴哈：《费尔巴哈哲学著作选集》上卷，商务印书馆 1984 年版，第 83—84 页。

② 同上书，第 60 页。

维——离开实践的思维——的现实性或非现实性的争论，是一个纯粹经院哲学的问题。"① 因此，我们只有通过实践，才能为认识提供来源，也正是因为劳动才创造了人，作为人类最基本的活动，它制约着诸如法律、道德等意识形态。物质生产实践也是人类历史得以发展的推动力量，没有物质生产实践，也就谈不上人类社会历史的发展。马克思正是在扬弃了费尔巴哈的感性思想的基础上，以感性活动超越了感性直观，离开人的感性活动，感性直观就只能是理论性的，而只有通过人的感性活动，对自然界加以改造，才能真正实现思维与存在的统一问题。才能发现人的本质和历史的奥秘。

二　吸收黑格尔的辩证法思想以克服费尔巴哈感性直观的局限性

黑格尔的辩证法是否定性的，是作为推动原则和创造原则的否定之否定。这种辩证法的主要贡献在于，它把人看作自我发展和自我创造的过程。人把自己的本质力量对象化并创造出一个外化的客观世界，人通过自身的劳动创造出对象化了现实的人本身。然而，费尔巴哈却没有看到黑格尔辩证法的深切含义，他只是把辩证法理解为黑格尔为了证明自己的哲学体系的逻辑性而耍的小把戏，并没有理解黑格尔用抽象的精神劳动来表现人通过劳动来创造历史的含义。而是单纯把人看成是感性的存在物，而不是存在于感性活动中，通过实践改造世界的现实的人。这主要是由于费尔巴哈的感性直观的局限性所造成的，为了克服费尔巴哈哲学感性直观的抽象性和僵化性的特点，我们只有求助于辩证法的能动性和创造性了。

但是黑格尔的思辨哲学是唯心主义的，所以他的辩证法也是唯心主义的辩证法，因此，马克思在吸收了黑格尔概念辩证法的基础上，创立的唯物主义的辩证法思想。黑格尔的哲学体系是从"绝对精神"，把自然看成是精神的一种外化物，颠倒了思维与存在的关系。马克思认为思维是人脑的产物，而人脑是物质的，因此是存在决定意识，而不是意识决定存在。黑格尔辩证法在本质上就是人的自我产生和形成的过程，通过否定性的原则，人们在劳动中不断扬弃对象性的存在，然后回到自

---

① 《马克思恩格斯选集》第 1 卷，人民出版社 1995 年版，第 55 页。

身，达到圆满地完成。"黑格尔站在国民经济学家的立场上。他把劳动看作人的本质，看作人的自我确证的本质；他只看到劳动的积极的方面，没有看到它的消极的方面。劳动是人在外化范围之内的或者作为外化的人的自为的生成。黑格尔唯一知道并承认的劳动是抽象的精神劳动。"① 也就是说，黑格尔认为只有纯粹的思维，才能具有能动性，才是最自由的和最善于创造性的活动，人的劳动只是精神活动的一种外化表现形式而已，不能成为人的本质，只有精神才是人的本质所在。然而精神劳动是片面、抽象的活动，它只是思维自身的一种思考过程，是在人脑中的一种否定过程，这种脱离现实和人类社会的精神活动也只能是一种自我意识的精神性的存在而已。所以，马克思认为辩证法应该建立在唯物主义的基础之上，主张的"因为辩证法在对现存事物的肯定的理解中同时包含对现存事物的否定的理解，即对现存事物的必然灭亡的理解；辩证法对每一种既成的形式都是从不断的运动中，因而也是从它的暂时性方面去理解；辩证法不崇拜任何东西，按其本质来说，它是批判的和革命的"。② 可是黑格尔的辩证法的发展，并不是客观事物的发展，只是概念的纯逻辑的推演和描述过程。因此我们要到人类社会中，到现实社会中，通过物质生产实践来发现客观世界的规律。把神秘的、唯心的、不彻底的辩证法改造成为建立在唯物主义基础上的实践的、辩证的、批判的、革命的辩证法。

三　在感性活动基础上实现伦理理性与道德理性的统一

在近代理性形而上学的体系中，理性是居于主要地位的，感性只是理性的一种附属品。很多哲学家都把理性精神理解为人的本质，自然界则是事先就存在的、预设的对象。纯粹的思维被认为是"真正"的存在。虽然费尔巴哈提出了感性的存在，恢复了感性的地位，但是由于他所提出的感性存在即人是通过感性直观的方式获得的，因此是一种脱离现实、社会和历史的抽象的人，不能成为现实的人。针对上述情况，马克思在《1844 年经济学哲学手稿》中提出了"对象性的活动"即"感

---

① ［德］马克思：《1844 年经济学哲学手稿》，人民出版社 2000 年版，第 101 页。
② 《马克思恩格斯全集》第 23 卷，人民出版社 1972 年版，第 24 页。

性活动"的基本原则。他指出："当现实的、肉体的、站在坚实的呈圆形的地球上呼出和吸入一切自然力的人通过自己的外化把自己现实的、对象性的本质力量设定为异己的对象时，设定并不是主体；它是对象性的本质力量的主体性，因此这些本质力量的活动也必须是对象性的活动。对象性的存在物进行对象性活动，如果它的本质规定中不包含对象性的东西，它就不进行对象性的活动。"① 也就是说，人在自己的本质规定中就包含着自己的对象，人与整个自然界就是一种全面的对象性的关系，人的本质力量中所包含的自己的对象就是整个自然界。

与费尔巴哈不同，马克思认为自然界就是人的实践活动的产物，不是先在的或一成不变的，而是工业活动和社会的产物，是历史的产物。人们通过改造自然界和变革人类社会的实践活动，生成了人周围的感性世界，感性活动是整个感性世界的基础，离开人的感性活动的自然界就是抽象的、非现实的自然界。自然界中的人为了满足自己的生存需要，就要进行最基本的物质生产劳动，通过改造自然的过程中，获得生活的必需产品，以达到最基本的生存需求，而这种劳动也就是人的感性活动。这也是人类的第一个历史活动。费尔巴哈把历史简单地理解为宗教的原因，以宗教的变化来说明人类社会不同时期的不同变化。所以在历史观方面他始终在唯心主义的泥潭中无法自拔。但马克思却认为人类历史不断发展的原因和基础是实践活动，人类历史就是物质生产的产物。马克思通过对黑格尔法哲学的批判中，得出这样的结论即市民社会决定国家。对市民社会的剖析就涉及当前的国民经济，而国民经济中最基本的就是人的劳动。马克思在《德意志意识形态》中，第一次表述了生产力与生产关系的矛盾运动原理。马克思指出，人类的物质资料生产表现为双重关系：一方面，人们在改造自然的活动中，所形成的人与自然的关系即生产力；另一方面，人们在生产劳动过程中必然会结成一定的交往关系，这就是生产关系。生产力决定生产关系，生产关系必须与生产力相适应。只有经济基础与上层建筑相统一才能构成社会形态。因此，对于在物质生产实践中所形成的人与人之间的关系，必然要涉及伦理道德问题，然而如何才能更好地指导人们的伦理生活，要受到生产力

---

① ［德］马克思：《1844 年经济学哲学手稿》，人民出版社 2000 年版，第 105 页。

的制约。而这种生产力来自人们的感性活动中所形成的人与自然的关系，而不是虚幻的、精神的劳动。如果我们不进行生产劳动，不进行感性的创造，那么我们就会发现自然界会发生很大的变化，人类社会也就不会存在了。我们现在正在进行的商业、工业活动和交往方式都是在继承了前一辈人的基础上进行的，而且随着不同的需要变更着社会制度，人类社会历史就是一部物质生产活动的历史。费尔巴哈以抽象的现实的人击碎了以自我意识为基础的哲学体系，马克思以感性活动来弥补了费尔巴哈"现实的人"的局限性，发现了劳动创造了人，人真正成为现实的人，这不但克服了黑格尔的无人身的理性的局限性，而且也为道德和伦理的统一找到了真正的基础，即通过感性活动而形成的人，在感性活动的基础上，人不再是抽象的、纯粹的、片面的，而是现实的、全面的、自由的人，人们在生产劳动中是自由的，他自愿地接受外在伦理制度的制约，又自觉地以这样的标准来要求自己、提升自己。

费尔巴哈的人本学思想，恢复了唯物主义的权威，使唯物主义重新登上历史舞台。他以感性思想瓦解了黑格尔的自我意识体系的壁垒，加速了黑格尔哲学的解体。马克思曾经一度十分赞赏费尔巴哈的哲学思想，但是随着不断地深入研究，马克思发现了费尔巴哈哲学的局限性，并对其进行了深刻的反思和批判，以对象性活动即感性活动彻底超越了感性直观。感性思想在马克思这里势如破竹，一石击起千层浪，被重新赋予了丰富的内涵，也使马克思的哲学思维方式发生了巨大的变革，马克思指出："我们看到，理论的对立本身解决，只有通过实践的方式，只有借助于人的实践力量，才是可能的；因此，这种对立的解决绝对不止是认识的任务，而是现实生活的任务，而哲学未能解决这个任务，正是因为哲学把这仅仅看作理论的任务。"① 马克思正是以这种实践的思维方式，理解哲学的主要作用不是如何用各种理论来解释世界，而是通过物质生产实践来改造世界，通过生产劳动发现人的本质，并在实践的基础上重新诠释了道德和伦理的含义，促进了唯物史观的形成，创立了历史唯物主义。

① ［德］马克思：《1844 年经济学哲学手稿》，人民出版社 2000 年版，第 88 页。

第五章　马克思伦理—道德思想的
基本内涵

　　众所周知，由于当时德国的社会背景和现实条件，马克思更多地关注政治、经济、阶级斗争等问题，因此马克思没有像柏拉图、亚里士多德、康德和黑格尔那样撰写过专门的伦理学专著，但是马克思一生都十分关注道德问题。马克思的伦理思想在他的整个哲学体系中占有重要的地位。

　　回顾马克思的人生经历以及通过对马克思的文本考察我们都能发现马克思的道德观点。马克思在学生时代就表现出了对道德问题的关注，他的博士论文《德谟克利特的自然哲学和伊壁鸠鲁的自然哲学的差别》，主要的核心问题就是探讨人的自由问题。他非常尊敬像斯巴达克那样为了自由而战的英雄，也十分推崇诸如费希特、康德一样的道德领域的思想巨人。而在《莱因报》时期，马克思的很多著作中都包含着伦理思想的内容。这时的马克思不再受启蒙思想和黑格尔思辨哲学的影响，而是更多地关注于现实世界中的社会生活。开始慢慢地接触到了物质利益的领域，在现实生活中，物质利益已经成为社会的主要问题，然而道德和利益之间存在着密切的关系。而随后在《黑格尔法哲学批判》中，马克思指出了黑格尔倒置了市民社会和国家的关系，马克思认为市民社会是人的真实生活，是构成国家的现实基础。道德必然回到市民社会的现实生活中，道德就是个人的内在的一种自律精神，为道德走向现实生活指明了方向。不久又在《1844年经济学哲学手稿》中指出了人的本质，就是实践，实践是人的一种本质力量，是一切伦理道德的基础。晚年时马克思把研究的旨趣又重新放在了道德问题上，致力于人类学的研究。可以说马克思整个哲学理论中都渗透着伦理思想，马克思的伦理学核心是人的解放,如何使现实的人从奴役的状态中解放出来,实现人的全面的自由的发展。并且把对这一问题的思考建立在历史唯物主义的基础之上,形成一种崭新的道德理论。马克思伦理学的创立,结束了道德源于一切神话的传说,结束了道德规范、道德原则的主观性特点,也结束了道德说教给人带来的虚幻性感受。马克思的伦理思想是人类伦理思想史上的伟大革命变革。

马克思反对抽象的、空洞的、说教的伦理道德研究,认为任何伪善的道德原则在唯物史观的面前都是站不住脚的。马克思不是从某种纯粹的、抽象的或神秘的道德观念来研究道德问题,而是以社会的实际存在和人们的现实生活为基础研究道德问题;不是以主观世界中的某种观念或道德原则限制人的发展,而是把人的感性的实践活动体现在历史的考察之中。马克思认为物质生产实践是历史的基础,生产力是社会发展的动力,以现实的人作为出发点,才能真正实现人的自由解放。因此,马克思认为只有在唯物史观的基础之上,以政治经济学批判为方法论的指导,在社会生活中的物质生产活动、经济利益关系中才能解释伦理道德问题,从而在人类社会历史中寻求伦理的现实路径。马克思指出,道德作为人的一种内在本质力量是在实践基础上生成发展的。道德是与人类的现实生活紧密相关的,归根到底是生活实践的产物。伦理作为一种意识形态是在实践基础上道德观念外化的产物。脱离实践基础的伦理规范必然会阻碍人的全面发展。马克思认为人的本质是"自由自觉的活动"即劳动,然而在以私有财产为前提的资本主义社会中,劳动变成了异化劳动。劳动者与劳动对象的异化,使工人生产的产品越多,创造的财富越大,那么他就越贫穷。劳动者与劳动本身的异化,使人们的劳动是被迫的,而不是出于自愿的,同时不是感觉到劳动的快乐,而是劳动的不快。人与自己类本质的异化,使人与动物一样,只是为了满足生存的需要,把生产活动看成维持生存的一种手段。人和人的异化,使人与人的伦理关系变成了富人对穷人的不公正关系。因此只有扬弃这种异化,才能解决利己主义与平等之间的矛盾。而"共产主义是私有财产即人的自我异化的积极的扬弃"①。因此,只有在生产力不断发展的基础上变

---

① 〔德〕马克思:《1844年经济学哲学手稿》,人民出版社2000年版,第81页。

革生产关系和上层建筑，以消除资本的限制，进一步实现自由人的自由联合。

第一节　道德作为人的一种内在本质力量是在实践基础上生成发展的

在人的身上，既有精神生活又有肉体生活，二者是统一的。而在人的本质力量对象化的过程中，不仅有物质的作用，也有精神的作用，而精神的作用就是马克思所理解的德性的力量，是一种精神力量。这种德性的力量在人自身内，对人内在的一种自律约束也就是道德，它是人的本质力量的一个部分，一种展现。马克思指出："随着对象性的现实在社会中对人说来到处成为人的本质力量，成为人的现实，因而成为人自己的本质力量的现实，一切对象对他说来也就成为他自身的对象化，成为确证和实现他的个性的对象，成为他的对象，这就是说，对象成为他自身。"① 也就是说，通过对象性的活动，一方面外在的客观事物即自然界成为人化的自然，而主观的内在的自由也会对象化成为个体的自由人格。人既是自然的一部分，也是社会中的历史中的人，因此作为一个完整的人，必然要全面占有自己的本质，这里当然也就包括了道德的力量。道德作为人的一种内在的本质力量是通过生产实践得以显现的，是在实践的基础上生成和发展的。马克思在《德意志意识形态》中指出："思想、观念、意识的生产最初是直接与人们的物质活动，与人们的物质交往，与现实生活的语言交织在一起的。人们的想象、思维、精神交往在这里还是人们物质行动的直接产物。表现在某一民族的政治、法律、道德、宗教、形而上学等的语言中的精神生产也是这样。"② 也就是说道德作为一种精神生产，是与人的实践活动息息相关的，是人们在日常的交往当中，实践活动当中的一种实践产物，同时也是一种意识形态的外化形式。

实践是人所特有的一种基本活动，是一种有目的的活动，是人的生

---

① ［德］马克思：《1844 年经济学哲学手稿》，人民出版社 2000 年版，第 86 页。
② 《马克思恩格斯选集》第 1 卷，人民出版社 1995 年版，第 72 页。

存方式，也是道德产生的基础。正式把实践引入哲学领域内的人是康德，但是康德的实践只是一种纯粹的道德实践，一种内在目的和价值的追求，把实践限制在了伦理实践的范围。黑格尔虽然揭示了劳动的重大意义，指出人的本质就是劳动，但是黑格尔所说的劳动却是精神劳动，在纯粹的思辨中理解劳动，把实践仅仅看成一种抽象的精神活动。马克思指出，实践是人能动地改造物质世界的对象性活动。实践不仅要追求内在的利益，也要追求外在的目的；不仅要改造大自然，也要不断地改造人自身，完善自我，发展自我。通过实践创造了作为道德主体的人，这个人是现实中活生生的人。现实的人是社会中的，生活中的人。人们在社会中不是孤立存在的，人们为了生存就要进行物质生产劳动，在劳动过程中就形成了各种各样的人与人之间的关系，如何去调整人与人之间的关系，就产生了一定的道德需要。现实的人同样也是历史中的人，人们在物质生产活动中，发挥人的主观能动性，不断地在历史中开展创造性的活动。根据这样的客观需求与道德规范人们不断地要求自己、超越自己。马克思把道德植根于人们的日常生活和现实关系中，以现实为基础，关注现实生活，为道德找到了坚实的基础。

一　作为人的一种内在本质力量的道德是生产力的重要组成部分

历史唯物主义认为，"生产力当然始终是有用的具体的劳动的生产力，它事实上只决定有目的的生产活动在一定时间内的效率"[①]。我们也可以把生产力理解为从事物质生产的能力。而关于生产力构成的问题，马克思曾经说过，"我们把劳动力或劳动能力，理解为人的身体即活的人体中存在的、每当人生产某种使用价值时就运用的体力和智力的总和"。[②] 也就是说生产力不仅包括体力方面的还包括智力方面的。马克思在《1857—1858年经济学手稿》中谈到货币的时候曾说过："货币的简单规定本身包含着这样一点了：货币作为发达的生产要素，只能存在于雇佣劳动存在的地方；也就是说，只能存在于这样的地方，在那里，货币不但绝不会使社会形式瓦解，反而是社会形式发展的条件和发

---

① 《资本论》第 1 卷，人民出版社 1975 年版，第 59 页。
② 同上书，第 90 页。

展一切生产力即物质生产力和精神生产力的主动轮。"① 通过这些材料的理解，我们不能忽视作为生产力一部分的精神生产力。否认和忽略精神生产力，对于生产力都是不利的，世界上原本没有房子、工厂、电话、电视等，正是人们利用智慧，通过劳动创造的这些产物，没有人的主观的、精神生产力的参与，物质生产力就是僵死的东西。因此只有将物质生产力和精神生产力相结合，人们才可能创造出丰富多彩的客观世界。恩格斯指出："劳动包括资本，并且除资本之外还包括经济学家没有想到的第三要素，我指出的是简单劳动这一肉体要素以外的发明和思想这一精神要素。"② 精神要素在社会生产活动中发挥着巨大的作用，我们可以把道德理解为这种精神要素。因此，我们说作为人的一种内在本质力量的道德是一种精神生产力，它是生产力的重要组成部分。

　　精神生产力只有通过物质生产力才能得以显现，在物质生产劳动中才能转化为现实中的生产力。精神生产力不仅体现在人们在改造自然中的一种精神力量，同时也是体现在自然科学、技术管理、宗教、艺术、道德等精神产品中。但是这些精神产品的产生需要精神生产力的转化，才能得以展现。自然科学、管理技术的出现，需要精神生产力加入到物质生产的过程中，而艺术、道德等经过内化，影响劳动者本身的素质，进而间接影响物质生产。人作为生产力中最主要的因素，不仅要拥有健康的身体和健全的智慧，还要拥有一定的思想道德修养水平，设立崇高的道德理想与道德追求，以符合社会发展的道德要求和行为准则来要求自己，充分调动人的积极性，投身到生产实践中来，把这种道德的力量转变为现实的生产力。此外，在物质生产实践中，人与人之间形成了交往关系，各种关系错综复杂，因为各自的利益就会发生冲突，需要通过道德调节各方利益关系，团结一致，使人们在道德规范的调节下，充分协调起来建立合作，共同完成物质生产实践活动。同时，还要正确处理好人与自然的关系，不能毫无节制地开采自然资源、破坏生态平衡，而应采取可持续性的发展战略，正确处理人与自然的矛盾。然而无论是人自身的发展还是人与人、人与自然的关系中都潜藏着一种道德的力量。

———————

① 《马克思恩格斯全集》第 30 卷，人民出版社 1995 年版，第 175 页。
② 《马克思恩格斯全集》第 3 卷，人民出版社 2002 年版，第 453 页。

在生产劳动中，道德就是充当着促进生产力发展、调整人与人之间关系的这样一种角色，同时道德也在不断地内化于己，使自己思想道德水平不断得到提高，使自己自由地遵守外在的道德规范。道德既起到了约束人们行为规范的作用，又起到激励人们不断创造、调动主观能动性、开发潜能的作用。道德虽然不是直接地呈现在生产劳动中，它总是以不同的方式或者不一样的角色转化自己，使道德成为生产力发展过程中的积极因素，把道德这种精神生产力通过物化和内化的方式转变成充满活力的、魅力的、现实的生产力。

二　不存在脱离现实生产活动的纯粹道德生活

传统哲学总是脱离现实的生活去理解道德，他们把道德有时理解为神谕、上帝的启示，有时理解为主观构想出来的一些道德戒律而强加给人们。康德的道德哲学被称为一次伦理学史上的"哥白尼式的革命"，但是却因为它的形式主义，使道德成为一种空洞的口号，不能解决人们的实际问题。费尔巴哈虽然恢复了唯物主义的权威，然而费尔巴哈只是抽象地理解人与人之间的关系，没有发现道德与社会的经济、政治关系的密切联系，因此也就无法解决现实生活中的伦理问题。这些传统的道德哲学，正是割裂了社会存在与社会意识的关系，也就割裂了社会存在与道德的关系，以唯心主义为基础的伦理学脱离现实生活，他们的道德实践只能是一种流于表面形式和功夫的道德说教而已。对于现实社会中所出现的种种矛盾与困惑，它们往往无能为力。因此，马克思指出应该以整个社会的道德现象作为研究的对象，从现实出发、从现实的社会经济关系出发来研究道德现象，道德是由于人们在社会生活中的需要而产生，因此也应该作用于现实的社会生活，并随着社会生活的变化而不断变化。

关于道德的起源问题，在马克思主义产生之前，许多思想家对道德的起源问题做出了不同的回答。第一种观点是客观唯心主义或宗教神学的神启论。客观唯心主义者认为，道德起源于客观世界之外的"上帝"和"绝对精神"，等等。基督教认为道德起源于"上帝的启示"。黑格尔认为道德起源于"绝对精神"。第二种观点认为道德是天生的，是人的一种天赋。他们认为人生下来就有善良的心，这些都是与生俱来的，并不是后天形成的。在日常生活中每个人都有一种仁爱之心、怜悯之心等，只要适当引导就能发挥出来。康德认为道德源于人类固有的纯粹"理性"，理性发端于人的善良意志。第三种观点则认为道德起源于人的感觉。在17—18世纪的欧洲，这种"感觉欲望"论广泛流行，从英国的洛克，法国的爱尔维修、霍尔巴赫，到德国的费尔巴哈都主张感觉欲望论。如洛克认为，事物之所以有善、恶之分，只是就其与苦、乐的关系而言。当我们做一件事情的时候，如果我们感觉很快乐，那么它就是善的，如果我们感觉到很痛苦，那么它就是恶的。他们认为，人的一切善恶都来源于感官上的快乐和幸福。第四种观点是自然主义的"生物进化论"。他们认为道德起源于动物的社会本能或动物的合群性。如德国的思想家考茨基从动物的本能中寻找道德的根源，如"合群"、"母爱"等，把人的道德看成是动物本能的演化，这是机械唯物主义的说法。

以上观点，虽然内容不同、性质有别，并且包含着某种历史和认识的价值，但都离开了人的社会关系、社会实践和社会历史的发展去考察和研究道德现象，因此并不能科学地回答道德的起源问题，而且也不具有现实指向性，对现实存在的不道德现象不能给出合理的解释。马克思主义认为，道德作为一种社会现象，属于社会上层建筑和社会意识形态的范畴，必须而且只能从人类的社会关系和社会生活本身去探讨道德的起源。道德作为一种社会现象，并不是从来就有的，它的产生受到主客观两个方面的制约。第一，社会关系的形成是道德产生的客观条件。只有在社会中，发生了个人与整体、个人利益与整体利益的关系之后，只有当人将其合群的本能上升为交往关系时，道德才可能发生。道德是社会关系的产物。第二，人的自我意识的形成与发展是道德产生的主观条件。只有当人有了自我意识，才能意识到自己与别人的不同。当发生利益矛盾和冲突的时候，就需要有一种道德来调节这种关系。而正是这种意识成为道德产生的主观条件。第三，生产实践是道德产生所需要的主客观统一的社会条件。在生产实践中，劳动创造了道德主体，创造了人对道德的需要，形成了一定的社会关系，促进了人的观念意识的产生和发展，从而为道德的产生创造出了主客观统一的社会条件。在这种意义上来说，道德源于生活，并回归现实世界，指导人们的行为，提高自身的修养，根本不存在脱离现实生产活动的纯粹的道德生活。

三 生产力的发展与道德进步的有机统一

道德的本质是社会经济关系的反映。利益则是经济关系的具体表现形式，恩格斯说："每一既是社会的经济关系首先表现为利益。"① 也就是道德必然扎根于现实，在利益关系中得以展示，为道德奠定了现实基础。人们在现实生活中，既有自然属性，又有社会属性。不仅要满足生存上的需求，还要满足人们在社会的生产活动中所形成各种利益方面的需求，这就需要道德的调整。人的全部社会关系一方面表现为物质关系，也就是经济关系，另一方面表现为思想关系，比如道德关系，物质关系决定着思想关系。因此道德必然要在社会生活之中，也必然会反映在社会经济关系之中。有什么样的经济结构就会有什么的道德体系。社会经济关系的性质决定道德体系的性质。在人类历史上，有两种形式的道德体系，一种是以生产资料公有制为基础的统一的社会道德，另一种是以生产资料私有制为基础的阶级道德。道德体系中的基本原则和规范也就是由社会经济关系中所表现的利益所决定的。道德规范往往体现的是在社会经济关系中占主导地位的阶级的利益关系。不同的社会道德体系也各不相同，它们分别代表不同的利益集团。比如：在奴隶社会中占主导地位的是奴隶主，整个社会的道德体系也是为奴隶主服务的。在奴隶社会，奴隶对奴隶主的绝对服从和人身依附被看作道德，而奴隶们为了获取自由所进行的一切反抗和活动都被认为是大逆不道的。同样在封建社会中，道德主要体现封建主的意志，是为封建君主服务的。在森严的等级制度之下，人们被分成了三六九等。在阶级社会中，道德具有一定的阶级性，资本主义社会就被分为资产阶级与工人阶级的两大阵营，一个是剥削阶级一个是被剥削阶级。此外，道德并不是一成不变的，它随着经济关系的变化而不断变化，打破旧的道德体系的束缚，建立适应新经济关系的新的道德体系，历史的不断更迭便是最好的印证。因此我们说社会经济关系决定社会道德，而社会经济关系最终还是由生产力决定的。生产力决定生产关系，生产力对社会道德的发展和人的道德水平

① 《马克思恩格斯选集》第 3 卷，人民出版社 1995 年版，第 209 页。

的提高起着巨大的促进作用。

　　生产力和科学技术的不断发展，使人们的物质生产和生活水平也随之提高，为人类的道德进步奠定了很好的物质基础和发展前提。人们在物质生产实践和科学实践的过程中，不断改造客观世界，同时也不断提高主观认知能力，使人的道德水平不断得到提高。随着生产力的不断扩大，人们所接触的领域和范围也在不断扩大，人所应当承担的道德责任也就随之不断扩大，新的道德领域也就随即产生，它会促进人们形成一种新的道德品质和要求。随着社会生产力的不断提高，必然会变革旧的生产关系，建立新的生产关系以适应社会生产力的发展和变化，道德领域内就会出现以新道德替代旧道德的现象。反之，社会道德的进步也必然会促进生产力的发展，道德水平的提高可以使人们主动参与并热切地投入到社会生产劳动中来。人们在生产实践中，以良好的道德素养和道德行为来对待生产关系中的利益问题，更加热爱劳动，处理人与人之间、人与自然之间的各种矛盾和利益冲突。并自愿自觉地为社会建设事业贡献自己的力量。因此，从以上两个方面来看，生产力的发展和道德的进步是统一的不可分割的有机体，我们既不能不顾道德的发展，而一味地追求生产力的提高和经济效益，也不能离开实际的生产力来抽象地谈道德的平等、公平等问题。单纯地追求经济利益或空谈道德提高问题不是我们的最终目标，我们是在为了实现全人类的解放和人的全面自由的发展而不懈努力奋斗着。

第二节　伦理作为一种社会规范是在实践基础上道德观念外化的产物

　　人的自我完善，不仅要有个人内在的统一，还要有个人与社会的统一。道德作为人的一种内在本质，是实现个人内在统一的基础，是完善个人与社会统一的重要前提。道德是一种内心原则，是述说个体性的，是一种内心的觉悟，是在自我人格和品性的形成中的一种习惯。道德总是自己向自己提出相应的要求，从内心要求自己获得优良的品质或品性。因此，个人通过自由自觉的劳动，创造和改变外部客观世界，并与外部世界发生对象性的关系，展现人的本质力量，并在自己的世界中不断提高自己、追求完善。而个人外在的社会关系就是对他人、对社会所表现出来的一种伦理关系。伦理就是调整和处理人与人之间关系的行为准则。个人必须积极地融入不同领域和层次的社会交往中，投身到社会实践中，摆脱个人的狭隘性和局限性，真正拥有人的本质属性即社会性。人与人的物质关系就体现在生产实践中，人们在劳动中所形成的交往关系、利益矛盾等需要有一种行为准则和规范来调节，这种行为规范就是伦理。伦理是道德观念在实践基础上的一种外化产物，是现有世界的一种秩序，也是人在现实生活中为人处事的应有的一种理念。个人通过对社会道德规范的认同，不断地提高自身，完善自己、约束自己、控制自己。同时，个人对道德要求的不断提高，也会与现有的伦理发生矛盾与冲突，促进伦理的不断进步和发展。伦理要想成为真正意义上的伦理，必须要以主体的自我反思为前提，否则伦理就失去了活的本性，而是僵死的普遍精神。道德要想成为客观的必然存在，道德就必须从一定的社会关系出发，向伦理过渡才能在实践的基础真正成为一种现实的品质。道德必须要以伦理为基础，否则就会成为一种脱离现实社会和历史的一种抽象的、内在的、超验的实践。因此要在伦理的含义上对道德加以理解。

一　伦理作为人的外在行为规范是在实践中生成的

历史唯物主义认为：生产力决定生产关系，经济基础决定上层建筑。伦理作为生产关系是人们在物质生产实践的基础上得以形成的。没有生产实践作为基础，人与人之间也就不会形成一定的交往关系，也就谈不上人与人之间的伦理关系。伦理是人的一种外在行为规范，它是处理人与人之间关系的一种行为准则。伦理与人的社会生活及其历史具有内在的关联性，伦理离不开人们生活的现实基础和社会生产实践，伦理所赖以依存的客观基础就是人们的生产和交往关系。恩格斯曾经指出："现代社会的三个阶级即封建贵族、资产阶级和无产阶级都各有自己的特殊的道德，那么我们由此只能得出这样的结论：人们自觉地或不自觉地，归根到底总是从他们阶级地位所依据的实际关系中——从他们进行生产和交换的经济关系中，吸取自己的道德观念。"[①]　也就是说人们的

---

① ［德］恩格斯：《反杜林论》，人民出版社1970年版，第91页。

道德观念必然要以人们生活的实际相联系，必须依赖不同阶级的实际关系，伦理作为道德观念的外化的产物当然也不例外，因此离开人们所生活的时代背景、历史条件以及现实生活来谈道德或伦理就是一种空谈，这是不能理解的，也是不起任何作用的。比如：在黑格尔看来，国家是"伦理观念的现实"，把国家理解为决定性的因素，而经济则从属于它。这在历史唯物主义看来，是本末倒置的，头足不分的。"因而每一时代的社会经济结构形成现实基础，每一个历史时期的由法的设施和政治设施以及宗教的、哲学的和其他的观念形式所构成的全部上层建筑，归根到底都应由这个基础来说明。"① 因此，我们应该在社会的经济结构的基础上来理解与之相适应的伦理道德现象。

作为道德观念外化的伦理必须扎根于现实生活，在社会生产实践的基础上才能真正对人们的道德行为起调解的作用，否则就是一种抽象的形式的原则规范，根本达不到调节和处理人与人之间关系的效果。伦理的关系不仅仅涉及个人与个人之间，还涵盖了人与社会、其他团体、国家乃至于自然之间的关系，而这些关系都要回归到生活世界。人之所以区别于动物，就是因为人不仅有感性机能而且还有理性思维，在人与人之间，人与自然之间还有伦理道德问题。人的存在表现在关系性中、社会性中、实践性中，人们虽然也有自然本性的需求，但是这些需求的实现要通过各种社会实践活动，需要人们运用理性进行有意识、有目的的对象性活动才能得以实现。人们必须在现实的生活中对客观世界进行创造性和改造性的活动，才能获取生活资料，才能够满足人们的衣食住行等生存需要。而无论何种形式的社会实践必然要体现在人与人之间的社会关系当中。社会关系就是人与人之间相互制约、相互作用、相互促进的产物。社会关系不仅是一种社会现象，它还是人与人之间相互作用的一种客观规律体系，人们通过这种客观规律体系形成了具有自我调节、自我约束、自我规范的一种制度、行为规范与风俗习惯，体现在人与人之间就表现为一种伦理规范要求。人们在社会生产实践活动中形成了各种关系和利益矛盾，可以通过这样一种伦理原则加以规范和调节，在这种规范体系内，人们做的事情如果是合乎客观规律的，我们则认为那样

---

① 《马克思恩格斯选集》第 3 卷，人民出版社 1995 年版，第 365 页。

做是合情合理的，这种活动或关系就是善的，而当人们违背了客观规律并超出这样一种界限，我们就认为它是恶的。因此，在实践基础上形成的伦理规范是一种制约人们行为的一种他律原则，是帮助人们正确认识、规范、处理人与人之间关系的一种社会规范体系。

二　内在道德观念是形成外在伦理规范的根据

道德与伦理是相互联系，相互作用的，在个人全面发展和社会和谐共处中共同发挥着重要的作用。伦理虽然是一种他律的、外在的、客观的，是调节人与人之间的伦常关系的行为规范。伦理与现实生活密切相关，指向公共领域。但是伦理本身却蕴含着道德，整个社会伦理体系就是由个人的道德活动和道德行为所构成的。个人道德活动并不是孤立存在的，而是存在于整个社会伦理体系的联系之中，如果离开了社会伦理体系，也就不能实现人的内在自觉和自我完善。另外，伦理必须依赖道德，没有道德作为内容支撑，那么伦理就是一个空壳，一种形式，内在道德观念是形成外在伦理规范的根据。道德是伦理所依赖的基础和前提，道德本身是一种来自人的内心自律，是伦理他律的一种内在需求，只有在道德的自觉中，伦理才能实现，没有道德也就不存在伦理，只有内在的道德意识做出决定，并能通过理智不断地反思自己，伦理才能算是充盈的和真实的。所以黑格尔曾经提出，只有当法和道德相统一才能形成真正的伦理。在社会生活中，人们通过意识的主观能动性，将内在的道德观念和道德自觉，转变为一种能够指导人们的实践原则，并在这种原则的指引下，表现为一种伦理活动，进一步就演变为一种风俗习惯和法礼制度。人的道德意识并不是一种单纯的主观自觉，而是要向社会伦理复归。道德只有自觉地向伦理过渡，才能变得生机勃勃，具有充实的内容。道德作为人的一种内在本质，内在必然，是思维的一种规律，具有一定的主观性。而伦理则是一种不以人的意志为转移的客观规律，具有一定的客观性。因此，社会就是由道德和伦理相结合的主客观的统一。

同时，内在道德观念的不断调整和完善也是伦理变革的一种动力。黑格尔说："有一种在历史上作为较普通的形态（如苏格拉底、斯多葛派等等）出现的倾向，想在自己内部寻求并根据自身来认识和规定什么是善的和什么是正义的，在那个时代，在现实和习俗中被认为正义的和善的东西不能满足更善良的意志……因而不得不在理想的内心中去寻求已在现实中丧失的协调。"① 面对现实世界的变化，个人的道德反思不仅要面向自身的内在世界，同时还关注外部现实世界。随着生产力的变化，新的生产方式和生产关系的出现，就会相应产生新的道德价值观念，个人的道德自觉就会对现实世界中的伦理规范加以审视和确证，以更高的、更完善的价值标准或道德至善对其进行纠正和提高，在生产实践中这些新的道德观念不断转变为社会伦理，当这种道德逐步被人们所认同时，就会促进伦理的不断进步和发展。

三 脱离道德观念的抽象伦理规范必然限制人的发展

在任何社会形态中，伦理与道德都是一个整体，是不能分割和相互脱离的。伦理—道德体系是社会的特殊调控力量和个体精神完善的统一，这种统一是道德的主体性和伦理的规范性的统一。一方面，伦理不仅仅是一种外在的规范和他律的原则，而是一种社会不断发展和进步的内在要求；另一方面，人们需要通过道德对伦理规范进行自觉的遵守。道德通过实践精神来把握世界，以人类主体的自律精神要求自己，并把道德观念外化为伦理规范，更好地帮助人们深入社会生活，调节各种关系，不断激励人们提高道德水平，促使人得到全面自由的和谐发展。同时，当道德向伦理过渡后，使抽象的道德观念具有了实践的基础，这不仅能够丰富人们的内心世界，也会促使人格更加完善，使人变得越来越高尚、越来越美好。因此，脱离道德观念而只谈伦理规范，就是抽象的、空洞的、毫无意义的，也必然限制人的发展，外在的伦理规范以强制的手段对人们进行限制，人们也只是机械地遵守，根本达不到内心的自觉。只有人们自觉地意识到社会规范并不是强加给自己的东西，而是要内化于己，把它理解为一种自我肯定、自我发展、自我实现的主体自觉。意识到这是做人的道德，是符合社会规律的，才能真正实现人的全面发展。

马克思、恩格斯将道德与人类解放和人的自由全面发展联系起来，

---

① ［德］黑格尔：《法哲学原理》，范扬、张企泰译，商务印书馆 1961 年版，第 141 页。

并认为真正的道德就是人不断实现全面自由发展的历史过程。马克思在《德意志意识形态》中首次阐述了人的全面发展的问题。人之所以有全面发展的需求，首先，人要区别于动物，改变世界创造人的历史。人是有理性的，有道德情感的需求。马克思说："一当人开始生产自己的生活资料的时候，这一步是由他们的肉体组织所决定的，人本身就开始把自己和动物区别开来。"① 其次，真正实现人的解放，需要人的全面发展。"当人们还不能使自己的吃喝住穿在质和量方面得到充分保证的时候，人们就根本不能获得解放。"② 如果人们不去改变自然，创造更多更好的物质条件，那么人就会更多地去依赖自然，因此人要不断地发展。最后，人们为了摆脱社会分工所带来的异化现象，也需要人的全面发展。马克思认为人的全面发展的逻辑起点是"现实的人"。"现实的人"不仅是有生命的个人的存在，而且还是一个具体的，从事物质生产实践的历史的人。也就是说人是社会生活的主体，而且人必然是要在一定的历史条件下生存，当人们从事生产实践活动的时候，必然会形成生产关系，而如何更好地处理人与人之间的各种关系和矛盾，就有了道德方面的需求。"现实的人"有了自我意识，并意识到自己作为社会成员与动物的本质区别，意识到个人与他人的关系及利益冲突时，通过生产实践人们逐渐形成了社会关系，并产生了道德的需求。马克思认为道德作为一种社会现象，是社会经济关系的反映。道德必须以社会现实生活为基础，与伦理相结合才能具有其真实的意义和价值。

第三节　异化劳动的伦理—道德状况

马克思的异化思想直接受黑格尔和费尔巴哈异化理论的影响，经历了一个不断变化的历史过程。黑格尔是第一个正式在哲学领域内使用异化这一概念的。并以这一概念来说明人与自然之间的关系。黑格尔说："自然界是自我异化的精神。"③ 在他看来，绝对精神只有经过自然界才

① 《马克思恩格斯选集》第 1 卷，人民出版社 1995 年版，第 67 页。
② 同上书，第 74 页。
③ ［德］黑格尔：《自然哲学》，梁志学、薛华译，商务印书馆 1980 年版，第 21 页。

能真正成为自由的精神，他把一切都精神化，把人等同于意识，并认为人的本质的异化就是自我意识的异化。费尔巴哈批判了黑格尔本末倒置的唯心主义，认为物质是第一位的，而意识是第二位的。他吸收了异化的思想，但是主要用于宗教的批判上，他认为上帝就是人创造出来的，人们对上帝无限的崇敬和信奉，并成为统治人的异己力量，只要我们认清楚上帝的本质就是人的本质，人才是最高本质，只有这样才能消除宗教的异化状态。

马克思批判地继承了黑格尔和费尔巴哈的异化理论，并用异化概念来说明资本主义社会人与劳动之间的关系。他说："工人在他的产品中的外化，不仅意味着他们的劳动成为对象，成为外部的存在，而且意味着他的劳动作为一种与他相异的东西不依赖于他而在他之外存在，并成为同他对立的独立力量；意味着他给予对象的生命作为敌对的和异己的东西同他相对立。"① 并且马克思还把异化与劳动相结合，构成异化劳动的概念。我们可以从四个方面来理解，资本主义条件下，在雇佣关系中人的异化状态的表现。首先，劳动者同劳动产品相异化。劳动者通过自己的劳动生产出的产品，不但不受自己的控制，工人无法享用。反倒成为与劳动者相对立的东西，人们生产得越多，创造的财富越多，工人们得到的就越少，就越贫穷。其次，劳动者同生产活动本身相异化。异化状态下，劳动并不是一种自由自觉的活动，而是成为一种为了生计的一种强迫性的、限制性的劳动。人们在劳动中并没有感觉到快乐，而反倒是越来越多的压力所带来的痛苦，如果不是为了谋生，没有人愿意劳动。再次，劳动者同他的类本质的异化。作为类存在物的人，只有通过自由自觉的劳动才能表现出人的类本质的特征，然而劳动对象和劳动过程都已经成为异化的东西，他们的目的就是维持肉体的存在，因此劳动者也就同人的类本质相异化了。最后，人与人相异化。马克思说："人同自己的劳动产品、自己的生命活动、自己的类本质相异化这一事实所造成的直接结果就是人同人相异化。"② 劳动者的产品被资本家所剥夺，劳动者感觉到劳动的痛苦，而资本家却在劳动的剩余价值的榨取中得到

---

① ［德］马克思：《1844 年经济学哲学手稿》，人民出版社 2000 年版，第 53 页。
② 同上书，第 59 页。

了快乐。资本家和工人阶级之间存在着利益矛盾，形成了资产阶级和无产阶级的两大阶级对立。

马克思正是通过异化劳动揭示了人与人之间不仅存在着经济、政治关系，还有伦理关系。这种伦理关系就表现在资本主义社会人与人之间的关系上。"劳动为富人生产了奇迹般的东西，但是为工人生产了赤贫。劳动创造了宫殿，但是给工人生产了棚舍。劳动生产了美，但是使工人变成畸形。劳动用机器代替了手工劳动，但是使一部分工人回到野蛮的劳动者，并使另一部分工作变成机器。劳动生产了智慧，但是给工人生产了愚钝和痴呆。"① 资本家剥削或无偿地占有他人的劳动或劳动产品，显然是一种不道德的事。然而在资本主义社会的现实生活中，这些不道德的现象比比皆是。资产阶级通过各种手段来蒙蔽和欺骗广大的工人阶级，在这看似"平等"的背后，却隐藏着诸多的不道德行为和现象。工人们为了生存而不择手段，工人阶级的道德状况不断恶化，人与人之间形成对立的状态，开始了一切人反对一切人的战争。种种这些都激起了马克思的极大愤慨，他强烈地批判了资本主义社会的私有制和资本主义生产方式的矛盾性，通过剩余价值等理论的发现，撕碎了资产阶级所谓的自由、平等、互利等口号的虚假外衣。通过对异化劳动的扬弃，指出了实现共产主义的途径和实现手段，饱含了对工人阶级及全人类的伦理关怀。

一　异化劳动的道德观念是利己主义

马克思之所以考察异化劳动，就是为了说明私有制不是神圣的、永恒的，并以此论证共产主义的合理性。马克思说："总之，通过异化的、外化的劳动，工人生产出一个对劳动生疏的、站在劳动者之外的人对这个劳动的关系。工人对劳动的关系，生产出资本家——或者不管人们给劳动的主人起个什么别的名字——对这劳动的关系。因此，私有财产是外化劳动即工人对自然界和对自身的外在关系的产物、结果和必然的后果。"② 也就是说异化劳动产生了私有制，私有制是一种历史现象。在资本主义私有制和雇佣关系中，一部分人占有全部社会财富成为资产

① ［德］马克思：《1844 年经济学哲学手稿》，人民出版社 2000 年版，第 54 页。
② 同上书，第 61 页。

阶级,另一部分人一无所有,劳动者只有通过劳动才能满足生存。资本家为了能够获取更多的利润,为了资本增殖,他们就想尽办法来发展生产力,在资产阶级的脑海中所有的道德观念都是利己主义的。私有制最直接的活动便是商业活动,人们通过买卖进行必需品的交换。而在买卖过程中,作为经营者必定会想尽一切办法来赚取更多的钱,作为购买者就会想办法少花钱,因此在经营中就会出现利益相冲突的两个对立面。每个人都会为自己的利益打算,人们开始互相猜忌和不信任,有时会为了达到一定的目的而不择手段,违背道德原则和道德要求,导致自私自利的个人主义。在资本的利诱下,人的利己主义本性全面爆发了,资产阶级正是把这种利己主义的原则作为自己道德的核心内容。正如马克思所讲的:"资产阶级在它已经取得了统治的地方把一切封建的、宗法的和田园诗般的关系都破坏了。……它使人和人之间除了赤裸裸的利害关系,除了冷酷无情的'现金交易',就再也没有任何别的联系了。它把宗教的虔诚、骑士的热忱、小市民的伤感这些情感的神圣发作,淹没在利己主义打算的冰水之中。"① 资本主义社会的突出特点是金钱万能,唯利是图。作为一般交换物的货币,原本只是一种符号,但是,在资本主义社会金钱成为主宰一切、高于一切的东西。社会中的一切善恶都由金钱来衡量。恩格斯就曾深刻指出:资产阶级把一切都看成是为了金钱而存在,就连他们自己也不例外,除了赚钱人生没有别的目的,赚钱才是最快乐的,金钱的损失,是唯一的痛苦。在资本主义社会中,人与人之间的关系完全是一种金钱关系。总之,马克思认为异化劳动的产生与资本主义的社会制度相关联,而社会制度不是永恒的,它只是历史发展的一个暂时阶段而已,因此异化劳动也就是特定的一些历史时期的劳动现象。由此可见,异化劳动本身就是一定历史的产物,对异化劳动的剖析和批判,有利于时机成熟之时,劳动便自觉自由地完成自身的解放,最终实现人的解放。

二　在异化劳动中利己主义与追求平等的伦理规范之间的冲突

资产阶级以追求"自由、平等、博爱"为口号,并以科学理性为

---

① 《马克思恩格斯选集》第 1 卷,人民出版社 1995 年版,第 274 页。

指导组织广大的民众同封建主义展开斗争。在封建社会，人们受封建等级制的压迫，以神性公开地压制和践踏人性，而在资本主义社会中，当人们破除等级制度之后，人性得到了完全的释放，在经济上、政治上人们都是自由和平等的。资本主义社会似乎是一个人们向往的道德天堂。然而，这一切在马克思看来都是虚假的，带有欺骗性，它们企图掩盖一切不平等与不自由。马克思说资本主义私有制是"即以剥削别人的但形式上是自由的劳动为基础的私有制所排挤"。[①]"先生们，不要受自由这个抽象字眼的蒙蔽！这是谁的自由呢？这不是一个普通的个人在对待另一个人的关系上的自由。这是资本压榨劳动者的自由。"[②] 也就是说，劳动者所进行的劳动，不是自觉自愿的，而只是为了维持生存而不得不进行的压迫性的劳动，这种劳动已经是异化了的劳动，是外在于人，并成为限制人与人相对立的一种力量。在劳动中人们受到资本家的剥削和压制，因此是不自由的。然而资本主义所说的自由是资本的自由，在资本主义社会中，劳动者和资本家都产生了物的依赖性，劳动者要靠物来生存，资本家靠物来增殖发财，在物的支配下人是没有自由可言的。而工资的出现，更是进一步掩盖了资本家对工人的剥削，表面上来看，人们进行劳动，资本家付给工人们劳动报酬，看起来一切都很正常，资本家和工人之间是平等的，但是工资的形式却把必要劳动和剩余劳动，有酬劳动和无酬劳动的区分消灭了。在资本家那里，剩余劳动和无酬劳动均被工资所掩盖，把剩余劳动看成是必要劳动，把无酬劳动看成是有酬劳动，将它们均归纳到工人的工资里面。实际上是对工人劳动的无偿占有，这种行为是可耻的也是不道德的。加之，资产阶级的利己主义原则，更谈不上所谓的博爱，人人只爱自己，富人对穷人除了压榨、憎恶、厌烦并无其他。

所以资本主义所提出的伦理规范就是一种形式上的、抽象意义上的，在现实生活中根本无法实现的，他们只是用这些激昂的口号和华丽的外衣来掩盖他们丑恶的真实目的。他们可以用钱来摆平自己犯下的罪行，随意地践踏人的生命，法律面前人人平等对资产阶级来说只是一句

---

① 《马克思恩格斯选集》第 2 卷，人民出版社 1995 年版，第 268 页。
② 《马克思恩格斯选集》第 1 卷，人民出版社 1995 年版，第 227 页。

空话。他们也可以用金钱来购买权力和地位，当他们拥有了权力之后，又为他们继续强取豪夺穿上合法化的外衣。他们的道德只是用来哄骗和愚弄大众，是一种道德说教。因此，在异化劳动中人的道德观念是利己主义的，在这种道德观念的指引之下，也就没有现实的自由和公平，社会生活中的伦理规范以这样的道德观念为基础和依据，就不能体现出公平和公正。因此，资本主义社会所形成的伦理规范就只能做到形式上公正。资产阶级把个人主义、享乐主义和拜金主义当作一种为人处事和享乐人生的道德说教，而这些都是不人道的，有违人性的，使人的本质发生了扭曲和变形。而资产阶级道德事实上却是为了资本家们的这一切做法和剥削做及时的掩盖和全力的辩护。

三　只有扬弃异化劳动才能真正解除利己主义与平等之间的矛盾

在资本主义生产方式下，富人的资本不断累积，而穷人日益贫困；社会财富不断增加，而社会却逐步走向衰落。马克思认为，随着社会矛盾的不断加剧，工人和资本家冲突日益激烈，生产力与生产关系的矛盾运动必然会导致异化劳动的出现，这是人类社会发展的一个必然阶段。马克思以历史唯物主义理论，摆脱了抽象的形而上学，赋予了异化理论以具体的、现实的、历史的内涵，把异化劳动理解为一个"承上启下"的阶段。劳动作为人的本质力量，在资本主义制度下，已经发生了异化，并且直接导致人的本质的异化，因此要想使人得到解放，首先要解放劳动，扬弃异化劳动，才能消灭私有制，实现共产主义。马克思曾经指出："共产主义是私有财产即人的自我异化的积极的扬弃，因而是通过人并且为了人而对人的本质的真正占有；因此，它是人向自身、向社会的即合乎人性的人的复归，这种复归是完全的，自觉的和在以往发展中的全部财富的范围内生成的。"① 私有财产是异化劳动的感性表现，是异化劳动的产物，它的实质不是某种物的形式，而在于异化劳动。因此，当异化劳动被扬弃时，人们不再受异化的影响，劳动变成了自由自觉的劳动，人们不再逃避劳动，而是享受在劳动之中，不再把劳动看成是一种仅仅为了满足生存的物质条件，同时也是人的精神需要。人们不

---

① ［德］马克思：《1844 年经济学哲学手稿》，人民出版社 2000 年版，第 81 页。

再受控于自己生产出的劳动产品、身在其中的劳动过程、人的类本质、生产过程中人与人之间的关系的影响。换句话说，那些由人创造和生产出来的产品，不再是外化的、异己的东西，不再构成对人的限制和压迫，人们不再进行纯粹的劳动，而是一种为自身的具体劳动，实现了人的类本质特征，而且人与人之间也不存在对立和冲突。而是通过劳动的解放，实现人的解放，人向社会的复归，人与自然的和解，人与人的和解，人的全面自由的发展。因此，人们一方面可以自由地支配自己的劳动时间，做自己想做的事情，劳动时间不再被人所控制和无偿占有。像马克思描绘的景象一样，你可以上午打鱼，下午打猎，晚上从事批判活动，另一方面社会生产能力不再需要中介可以直接成为劳动者自己的财富，这样劳动者就不会受中介的支配，资本也就无处遁形，劳动异化得到扬弃，劳动者的自由个性得到确立。在共产主义社会，物质极大地丰富，人们按需分配，消灭劳动、消灭分工。人们不再自私自利，而是为了大家、为了集体的利益而着想，人与人之间实现了自由与平等，人的全面自由的发展得以实现。

第四节　共产主义的伦理—道德思想及其实现途径

马克思毕生的奋斗目标是实现共产主义，从伦理道德角度而言，共产主义是马克思恩格斯道德理想的集中体现，也是伦理思想的重要组成部分。马克思在许多著作中对共产主义进行了诸多的论述。比如在《1844年经济学哲学手稿》中就有"私有财产和共产主义"方面的讨论。马克思说："共产主义是私有财产即人的自我异化的积极的扬弃……这种共产主义，作为完成了的自然主义＝人道主义，而作为完成了的人道主义＝自然主义，它是人和自然界之间，人和人之间的矛盾的真正解决，是存在和本质、对象化和自我确证、自由和必然、个体和类之间的斗争的真正解决。"[①] 也就是说，因为私有财产的出现人的类本质异化，而共产主义就是要扬弃私有财产，向人自身回归。伦理道德问题就是研究人与人之间、人与物之间的关系的，因此一切伦理道德问题

---

① ［德］马克思：《1844年经济学哲学手稿》，人民出版社2000年版，第81页。

都应该从人出发。而在马克思看来,在私有制条件下人不再是真正的人而是异化的人。首先,人的社会性被异化了,人与人之间的关系是利益的关系,因利益问题引起各种冲突和矛盾,把他人视为敌人、视为工具和手段,社会性消失了。因此,只有共产主义才能消灭异化劳动的产物私有制,这样一来人与人之间就没有了剥削、对立,人的社会本质回归自身。其次,人的发展受到了限制。私有制条件下,人们把占有和使用某物理解为人的直接享受和片面理解,当人们饥饿时对食物的理解和动物的进食是没有什么区别而言的,使人变得越来越片面和狭隘。因此,马克思说:"对私有财产的扬弃,是人的一切感觉和特性的彻底解放。"①当私有财产被扬弃,人们可以自由调动自己的感官,在占有和享受对象的过程中自由地发展自己的能力。使人得到全面而自由的发展。最后,人与自然的矛盾。人与自然界本来就是统一的整体,然而私有制的出现,使劳动产品异化,人的劳动产品与人相对立,自然界不再是人的无机的身体。因此,只有在共产主义社会,人与自然界才能彻底地恢复和解。在共产主义社会,私有制被消灭了,没有了分工,人得到了自由而全面的发展。

在《德意志意识形态》中,马克思主要谈到了分工对人的自由发展的限制,他说:"分工和私有制是相等的表达方式,对同一件事情,一个是就活动而言,另一个是就活动的产品而言。"② 分工的出现,只能限制人的发展,把人固定在某一个范围内、某一个框架里,也就限制了人的个性的自由发展,因此,马克思说要消灭分工。马克思强调在共产主义社会,每个人都发展自己的个性自由,当人的个性自由得到全面发展的时候,也就具备了一切人的自由发展的条件。马克思在《资本论》中对自由王国做了论述,他说:"在这个必然王国的彼岸,作为目的本身的人类能力的发展,真正的自由王国,就开始了。"③ 共产主义就是这样一个自由王国,但是这种自由并不是人们可以为所欲为,不受任何的约束和限制。而是在物质生产的必然王国里是没有自由的,人们

---

① 〔德〕马克思:《1844 年经济学哲学手稿》,人民出版社 2000 年版,第 85—86 页。
② 《马克思恩格斯选集》第 1 卷,人民出版社 1995 年版,第 84 页。
③ 〔德〕马克思:《资本论》第 3 卷,人民出版社 1975 年版,第 926—927 页。

总是要受资本的限制，而在自由王国中，人已经脱离了对物的依赖，有了更多的自由时间。人类能力的发展成为人们的目的本身。

马克思非常重视从道德角度观察问题，关心的是人，是人的个性自由的发展。马克思继承了文艺复兴以来的人道主义，从人出发去看待一切。并认为真正不道德并不是个人，而是社会和社会关系。因此，"共产主义革命就是同传统的所有制关系实行最彻底的决裂；毫不奇怪，它在自己的发展进程中要同传统的观念实行最彻底的决裂"。共产主义就是要消灭私有制，在共产主义社会人们各尽所能，按需分配，人们不再受物质的支配和限制，不再依赖于物，而在生产之外人们有了更多的时间和自由。在这样一个自由王国中，人们自觉地控制着物质生产，物质不再成为一种独立的力量来统治人。在共产主义社会中，不再是指哪一个阶级，而是关心全人类的解放，强调人的个性自由发展。因此，在马克思看来，共产主义无疑是最理想的和最合乎道德的社会，是马克思恩格斯道德理想的目标和实现。

一　共产主义的伦理—道德是自由人的自由联合

在共产主义社会，人的自由是核心问题和关键所在。按照马克思的理解，人的类本质即劳动实践。人们自由自觉地进行实践，并在实践中实现自我，享受劳动。人们从事劳动是一种自由的体现，是人的一种内在需要。同时生产实践也是人们自由创造的一种过程体现。然而在私有制条件下，劳动被异化了，人的类本质处于一种异化状态，人们从事生产实践不是自由的，而是被迫的，不自由的。资本主义所谓的人道主义，也只是全副伪装的欺骗劳动人民的口号，只是用来反对封建主义的一面旗帜而已。它对人只是作片面的理解，只考虑物质上的需要，并没有照顾到人的精神需要。人是不自由的，是异化了的人。因此，共产主义强调要消灭私有制，消灭劳动，消灭分工。使人们重新获得自由，成为自由的人。劳动实践是人们生存的基础，而在私有制条件下，劳动已经成为一种为了生存而从事的活动，并不是人的自由自觉的活动。因此，只有当物质极大丰富，私有制不复存在，人们便不再受物质的支配，自愿地参与劳动，成为真正自由的人，消灭人在劳动中的不自由状态。此外，由于分工的存在，便有了脑力劳动和体力劳动之分，就有了私有观念的产生，有了阶级的出现，剥削也随之而来。人们为了生存不得不接受社会分工，并在自己的岗位上尽可能地提高工作效率，使自己的能力片面畸形地发展起来。在共产主义社会，人们不再受分工的限制，因为人们不再是为了生存而劳动，而是自由地进行生产实践活动。并可以根据自己的喜好选择自己的职业，分工不存在了，对人的自由的限制也就被消灭了。随着个人的全面的发展，生产力不断发展和提高。只有在物质极大丰富发展的前提下，人们才能从异化劳动，从物的依赖，从人与人的利益争斗中解脱出来，向人的自身回归。

马克思所说的自由王国，并不是资本主义推翻了封建主义的统治而获得的政治自由，也就是表面上所说的物质上的自由，而是人的个性自由的发展。人的个性自由的发展才是马克思共产主义所关注的主题。正是分工和劳动才把人固定在一个具体的岗位和一些条框当中，人们的个性才不能得到全面的展示和发展，因此马克思强调共产主义可以总结为一句话就是要消灭私有制。当然，人要想全面发展，必须要进入自由王国。马克思："只有在共同体中，个人才能获得全面发展其才能的手段，也就是说，只有在共同体中才可能有个人的自由。……在真正的共同体的条件下，各个人在自己的联合中并通过这种联合获得自己的自由。"① 这种共同体是自由职业人的自由联合，是共产主义社会。在自由王国当中，人不再受资本的限制，劳动和分工所带来的不自由也消失了，人们可以自觉自由地选择劳动，全面发展自己的才能，享受劳动所带来的快乐，人的类本质的异化回归人自身，每一个人都享受着发展自己个性的自由。

二　自由人的自由联合的前提是消除资本的统治

资本与劳动的矛盾是资本主义社会一切矛盾的根源。二者既相对立又相互联系。一方面，在生产劳动中，资本占有者是不劳动的，但是占有一切生产资料和劳动商品。在资本家那里，他把劳动从资本中排除，劳动和资本相分离。而劳动者除了劳动能力外，不占有任何的生产资料，没有任何的财产，资本从劳动中被排除了。这样一来，就形成了资

---

① 《马克思恩格斯选集》第 1 卷，人民出版社 1995 年版，第 119 页。

产阶级不劳动，却占有一切资本，劳动者出卖劳动力，也仅仅是为了维持基本的生存，没有任何自由而言。随着资本的增殖，资产阶级对无产阶级的剥削和利益冲突愈演愈烈，成为社会的主要矛盾；另一方面，资本家又要靠占有剩余劳动才能榨取更多利润。劳动也只能以资本为中介才能实现自己的价值和交换价值，因此劳动和资本又互相依赖。如前所述，正是由于私有制的存在，所以劳动异化了，随之劳动产品、劳动过程、人的类本质和人与人之间的关系都发生了异化。因此要想实现自由人的自由联合必须要消除资本对人的自由的限制。只有当人不再依赖于物，不再受资本的限制，才能真正实现人的自由和解放。

　　私有制在其产生之初以及生产力比较落后的时期，就其存在而言是有一定的合理性和必然性的。通过恩格斯的考察，我们发现"专偶制不是以自然条件为基础的，而是以经济条件为基础，即以私有制对原始的自然产生的公有制的胜利为基础的第一个家庭形式"。① 在那一时期，还没有形成资本主义大工业生产时所出现的资本家对工人的剥削和奴役。人们只是以私有制的形式来保护以家庭通过劳动而获得的私有财产。但是随着资本主义社会大工业化的出现，私有制的恶劣性逐渐显现，对人们进行了不道德的剥削和极大的奴役。资本家通过对工人剩余劳动的无偿占有，来实现资本的增殖，这是可耻的、不道德的行为。在以资本为基础的生产过程中，资本的唯一目的就是要不断的增殖，并为了这一目的的实现，不断地发展生产力。然而在发展生产力的过程当中，也使其自身受到了一定的限制。劳动只有以雇佣的形式才能实现自己的价值，因此在雇佣劳动中，人们为了适应某一特定的岗位或职业的要求，而不断提高该行业的工作技巧和能力，使自己成为行家里手。然而这只是片面发展了人的某一个方面，因此大大限制了人的全面发展，也使劳动变成不自由的。同时，资本家对剩余劳动的无偿占有，工人只是在不停地劳作，没有更多的时间去自由地发展自己的能力，提高自身水平，也使生产力提高受到了一定的限制。最后，资本家为了使资本增殖，只有以最快的速度把商品卖掉，变成货币才能实现利润的增多。因此，劳动就不能以自由个性的形式去生产产品，而是要受交换价值的限

---

① 《马克思恩格斯选集》第4卷，人民出版社1995年版，第62页。

制。于是就出现了什么最赚钱，就生产什么样的商品。以上的种种限
制，势必会影响人的全面自由的发展，阻碍生产力的提高。因此，共产
主义实现的前提是要消灭资本的限制，扬弃异化劳动，使劳动成为人们
自由自觉的活动。在自由王国中，人们最大限度地发展各自的潜能与个
性，每个人的自由发展就是所有的人自由发展的前提，共产主义社会是
自由人的自由联合。

三　共产主义伦理—道德思想的实现途径

我们发现，在现代发达国家工人们的生活得到了提高，资本家与工
人的矛盾有所缓和。实际上，是发达国家通过资本输出的方式，把原来
国内的资产阶级与无产阶级之间的矛盾转嫁到了其他国家。在那些落后
的国家中，这种矛盾变成了发达国家与不发达国家之间的对立与矛盾。
也就形成了生产越多，生产力越发达，工人的工资就越少的对比，这也
反映出资本主义社会的必然矛盾。所以，当生产力发展到一定的水平
时，才能通过变革生产关系和上层建筑来消除资本的限制。生产关系就
是人们在物质资料生产过程中所形成的社会关系，这种物质关系主要表
现为生产资料的所有制形式、人与人之间的关系、劳动产品和生产资料
的分配情况。在资本主义社会，资本由少数的资本家所控制，生产资料
私有制占主导地位。私有制成为保护非劳动者利益的一种工具，同时也
就成为损害劳动者利益的手段。因此，必须要消灭私有制，变革这种生
产关系，使每一个人都能拥有自己的财产，使全部社会的生产资料以公
有制的形式出现，这样一来资本也就无处藏身了。再者，资本主义社会
中，无产者只有通过出卖自己的劳动力，才能够获得基本的生存条件，
而资产者也正是把劳动力变成了商品。资本的增殖部分不在于劳动者中
那些作为不变资本，因为不变资本不会带来剩余价值。而只是那些可变
资本即工人们的剩余劳动才是利润增殖的源泉，资本家就是对工人的剩
余劳动无偿地占有来完成资本的不断扩大。所以，他们就让工人工作更
长的时间，占有更多的剩余劳动。这样一来，就形成了人与人之间的对
立关系，资本家对无产阶级的压迫、剥削和奴役。无产阶级要么接受这
种奴役，要么进行反抗。当无产阶级成为大工业的产物，成为庞大的联
合体时，无产阶级不仅代表了先进的生产力，而且结成了团结联盟，无

产阶级战胜资产阶级具有一定的必然性。最后，私有制条件下的分配只是看似公平而已，资本家用工资的形式掩盖了这一不公正。工人的劳动与所得是不成正比的，而资本家不劳动却掌握着整个社会的生产资料。因此，只有变革这种分配关系，达到真正的公平公正，就必然要消灭资本所带来的限制。

马克思说，不道德的不是人，而是社会。是一定社会关系的产物所形成的不道德的人和不道德的行为。所以，变革社会关系才能真正意义上解决人的自由问题。按照马克思唯物史观的理解，伦理道德作为上层建筑必然要受到经济基础的制约，也就是要受生产力的制约，当生产发展到一定阶段时，旧的道德体系便不能适应社会的发展，日益衰退下去。而此时，新的道德体系就会随之建立起来，以适应生产力发展的需要，因此，在生产力不断发展的基础上，通过不断地变革上层建筑来消除资本的限制。当物质极大丰富时，人们就不再受物的支配，资本带给人的限制也就不存在了，人成为真正意义上的人，自由的人。

马克思的伦理思想，使我们清楚地认识到道德不再是一种超自然的、外在的神秘力量；不再是一种纯主观的自由意志；不再是一种道德说教和道德欺骗；不再是所谓的幻想和神话。马克思以辩证唯物主义和历史唯物主义为基础来研究伦理学，使人真正成为社会经济关系中的人，成为历史的人。从人的现实生活出发研究整个社会的道德现象。克服以往伦理学脱离社会和历史，研究内容单一、片面的限制。同时，又使伦理学成为服务于无产阶级的思想武器。以往的伦理学都是为占统治地位的阶级而服务的，而马克思的伦理思想是代表广大无产阶级的利益的，是为广大的无产阶级推翻资产阶级的统治，为了共产主义事业的实现而服务的。总之，马克思的伦理思想无论是从研究对象和方法上，还是服务的对象上，都同以往伦理学存在着本质的区别。马克思伦理学思想的创立，是人类伦理思想史的一次伟大变革。马克思的伦理思想是真正的科学的伦理思想，为伦理学的发展奠定了一定的基础。在中国，马克思的伦理思想得到了空前的发展，这也彰显了马克思伦理思想的旺盛生命力。

第六章 马克思伦理—道德思想的现实意义

在资本主义社会，人们的价值目标就是资本的增殖。然而为了这一目标的实现，人类社会面临了重重危机。首先，自从资本主义大工业化后，私有制的恶劣性便不断展露。资本家压制、奴役和剥削工人，无偿地占有工人的剩余劳动。导致一方面资本家的财富不断积累，而另一方面工人们却是越来越贫穷，形成了资产阶级和无产阶级的两大阶级对立。其次，资本家之间为了不断地扩张，进一步增加自己的利润，而爆发了两次世界大战，导致了经济危机，资本的不断扩张，更加暴露了资本主义制度的不道德。还有，就是由于资本的无限增殖，而带来了资源枯竭，资本家只是为了单纯地追求经济的发展，而对自然进行了掠夺式的开采，使人们面临环境污染、生态失衡、气候变化等生态危机。虽然资本主义国家通过提高生产力、完善政治民主和社会保障制度，以及危机转嫁等方式暂时缓解了这一矛盾和危机。但是由于经济全球化的影响，这种人与人之间的利益冲突和环境危机已经不是某个地区或部分国家，而是整个地球都随之受到了影响，人们如何继续生存成为刻不容缓、必须解决的实际问题。而以上种种问题，带来的另一严重后果就是人的严重异化，人的自由受到了限制，人们每天努力工作就是为了要满足最起码的生存，劳动并不是人们所自觉自愿的一种享受活动，而是对人们的一种束缚。人与人之间出现了信任危机、公平危机等，人类的价值目标在不断地发生着变化。

而在当前这样的背景下，伴随着人们思想观念的冲突和碰撞，我们应该寻求一种伦理思想来指导我们的实践，帮助我们重新确立价值目标和道德体系。事实证明，马克思的伦理思想无疑是最合适不过的。因为，马克思的伦理思想是用人的尺度取代了物的尺度，一切以人为中心。在实践唯物主义的基础上，通过对人的本质的剖析，扬弃异化劳动和私有财产，建立人的自由王国。只有当人们不再受资本的限制，不再把资本增殖看成人的价值目标，而是把人的全面自由发展看成是奋斗目标的时候，也就克服了目前的危机，保证了人有生存的空间，生存的资源和生存的意义。马克思的伦理思想为我们提供了一个总的理论框架，对当前的人类困境做出合理的解释。能够帮助我们在这变幻莫测、迷雾重重的大千世界中看清方向，理清头绪。只有用道德理想加以引导，人类才能有前进的方向；只有把道德理想建立在实践的基础上和客观规律相结合，才能把理想变成现实。因此，马克思伦理思想正是在实践唯物主义的基础上，结合事物的客观发展规律，不断地发挥着引领、指导的作用，具有一定的现实意义。

马克思伦理思想的发展是与时俱进的、不断创新的过程，是随着时代变迁和社会变化而不断融合、丰富内涵的理论。江泽民同志《在庆祝中国共产党成立八十周年大会上的讲话》中指出："马克思主义具有与时俱进的理论品质。如果不顾历史条件和现实情况的变化，拘泥于马克思主义经典作家在特定历史条件下，针对具体情况做出的某些个别诊断和具体的行动纲领，我们就会理论脱离实际而不能顺利前进，甚至会发生失误。这就是我们为什么必须反对以教条主义态度对待马克思主义哲学理论的道理所在。"也就是说，我们不应该把马克思某一时期的观点和理论作为永恒不变的真理来教条式的使用，而是应该因时因地，结合现实情况加以活学活用。马克思理论的创新必须和实践相结合，才能得到实现。因此我们必须把马克思伦理思想同改革开放的实践相结合，正确理解转型期的道德变化，在实践的基础上加强新道德观念的建立，进一步加强社会主义道德建设和塑造理想人格。

第一节　要从改革开放的实践中来理解
当代伦理—道德关系的新变化

改革开放使中国社会进入了一个崭新的时代，十一届三中全会的召开标志着中国社会主义建设已经由阶级斗争为中心向以经济建设为中心的重大转变。改革开放的巨大成功，不仅使我们取得了丰硕的经济成果，也在政治、文化、道德等领域有所收获。但我们也看到了在经济不断发展的过程中，出现了一些道德问题，这些道德领域的问题是值得我们去思考与面对的。改革开放之前，我们的经济体制主要是计划经济，那时候人们共同劳动，按劳分配，国家和集体利益高于一切，片面地强调道德的说教作用，脱离生活实际，个人的利益和发展被忽视。而改革开放后，为了进一步完善社会主义制度，适应市场经济的变化，对生产力、生产关系及上层建筑中一些不合理的地方进行了革命性的变革，这也就使人们的道德发生了重大的变化，思想道德呈现出多元化的趋势。伴随着平等、竞争等市场经济应运而生的一些道德观念逐渐被人们所接受，人们在生产关系中的利益关系的变化，更加注重个人的发展和利益的获取。然而，在经济快速发展的前提下，没有相适应的道德理论加以引导和规范，这就容易造成人们道德观念的消极、落后，甚至出现更为严重的道德滑坡的现象。改革开放30年，我们也付出了一定的道德代价。受西方思潮的影响，拜金主义、享乐主义、极端个人主义普遍存在，在物质利益的诱惑下，诚信危机、贪污腐败、道德沦丧等现象不断出现。

马克思恩格斯在唯物史观的基础上，指出市场经济与道德的关系，并阐明了资本主义市场经济对道德的双重作用。马克思指出："平等和自由不仅在以交换价值为基础的交换中受到尊重，而且交换价值的交换是一切平等和自由的生产的、现实的基础。"[1] 因此，我们从商品经济的平等与自由来看，对人们的道德有进步的意义。然而，我们也看到，"每个人为另一个人服务，目的是为自己服务；每一个人都把另一个人当作自己的手段互相利用"[2]。也就是说，每个人都在追求自己的利益，希望获得更多的利润。这样一来，就导致了消极的道德影响。显然，我们在追求经济利益的时候，出现了一定的道德问题。但是，我们要从中国改革开放的实践中来理解当代道德观念的变化，而不是一味地强调负面影响和道德落后。目前，中国正处在计划经济向市场经济的转型时

---

① 《马克思恩格斯全集》第 30 卷，人民出版社 1995 年版，第 199 页。

② 同上书，第 198 页。

期，原有的单一、集权化的经济体制严重影响着人们的思想和思维方式，而市场经济的新观念、新思想被人们慢慢接受时，就会与传统的思想观念发生碰撞和矛盾。而面对经济的快速发展，相应的道德规范和理论体系还没有健全，出现了滞后于经济的现象。因此，才会出现以上的消极影响。另外，市场经济只是一种经济制度，不存在是资本主义的还是社会主义的。而市场经济制度与什么样的社会制度相结合，就会呈现出什么样的特点，因此，我们的社会主义市场经济，是具有中国特色的社会主义市场经济。我们要正视转型期出现的道德问题，建立健全有利于实践发展的新道德体系。

一 改革开放的实践使当代社会处于新的转型时期

中国改革开放的实践使社会进入新的转型期。从哲学角度来理解，这一转型是整个社会的转型，包括政治、经济、文化等各个方面的变革，人们的价值观从一元走向了多元，从原来的统一领域到分离领域。社会转型包括体制方面的转型，由原有单一的、高度集中的计划经济向自由开放的市场经济的转型。还包括社会结构方面的，由原来农业社会向工业社会转型。社会转型期，在经济建设的基础上，人与人的社会关系发生了翻天覆地的变化，原有的结构只是公与私、国家与个人的关系。而现如今出现了不同的职业、不同层次的人员结构，人们更加重视人的个性的自由发展。然而，中国当前政治、文化、道德和教育等方面却没能跟上经济发展的步伐，呈现出落后于经济发展的现象。所以很多人对转型期的道德产生了误解，一部分人认为之所以出现不道德的现象，就是人们对传统道德的漠视，而应该恢复中国儒家的传统美德，这是一种文化复古主义的思潮；还有一部分人认为中国的传统道德已经失去了应有的价值和意义，并不能满足现代化建设的需要，因此要全盘否定，这显然是一种历史虚无主义的思潮表现。还有人认为，把市场经济看成是资本主义的一种经济体制。其实以上这些观点都是在市场经济条件下的矛盾冲突的具体表现，针对传统道德与现代道德之间的关系问题，笔者认为对待传统道德应该取其精华去其糟粕，然后与现代道德相结合，发挥其优良传统美德的积极作用。另外要清楚地认识到市场经济只是一种经济制度，是市场资源配置的一种方式而已，它并不体现任何社会体制。因此，在社会转型期我们更要注重发挥道德的作用，尽量克服和避免不道德的现象和行为的发生。我们要积极利用市场经济的积极作用引导人们，使人们看到市场经济增强了竞争和合作的关系。人们的积极性、主动性和创造性在市场经济条件下被大大地激发了，人们敢于竞争，通过竞争不断提高自身的素质，同时也看到了合作所带来的巨大力量，团队意识，集体合作逐步增强。此外，还大大地促进了人们积极劳动，按照中国的分配方式，是以按劳分配和多种分配方式并存的一种分配制度。这样在很大程度上激发了人们努力工作、创造价值的积极性。

实践已经证明，发展社会主义市场经济有利于社会主义社会生产力的发展，增加社会主义国家的综合国力，提高人民的生活水平，增强人们的独立自主意识、竞争与合作意识、进取创新意识、发展意识和民主法制意识，调动人们的积极性和创造性，促进道德的进步。党的十八大报告中指出：回顾过去的十年，经济平稳较快的发展，综合国力得到明显提升，进出口总额排名世界第二位。人民生活水平不断提高，收入不断增加，民主和法制意识增强。人们的衣食住行、医疗、养老等方面有了大幅度的提升和改善，国家更加关注民生问题。同时在文化、法制、社会、国防和军队、港澳台工作、外交、党的建设等方面的工作都取得了相应的成绩。但是，也要清醒地看到发展中还存在许多不足，比如发展不均衡、科技创新能力不强；城乡收入分配差距较大；社会矛盾明显增多；道德失范、诚信缺失等现象普遍存在。因此，我们要结合实际，建立和完善以中华民族优良传统道德为基础的，与社会主义市场经济相适应的社会主义思想道德体系。更好地指导社会转型期的各种道德问题，提高全民族的思想道德素质。

二　在社会转型时期必然首先在道德观念上出现新变化

在社会转型期，由于经济的快速发展，与之相适应的道德体系尚未建立健全，因此出现了经济与道德的脱节。传统的道德规范无法适应新的时代要求和变化，而新的道德观念逐渐影响着人们的思维方式，但新的道德体系又未建立。社会转型期的道德必然在摆脱传统观念的过程中出现道德冲突、道德矛盾和道德失范的现象。在改革开放的实践中主要表现为以下几个方面：首先，在政治上，贪污腐败成风。受物质利益的驱使官场上出现了权钱交易、权色交易和权权交易。官员们利用自己手中的权力，换取物质上的需要。这种道德缺失严重损害了人民的利益，削弱了党的凝聚力和战斗力。其次，在经济活动中，诚信缺失、唯利是图等现象屡见不鲜。市场自身的趋利性、自发性会影响到人们的道德生活中，反映在人与人之间的关系上。在交换活动中人都是以自身的个人利益作为首要考虑的条件，每个人都想获得更多的利益，甚至有些人利用诈骗、诋毁、污蔑、虚假手段等方式追求更多的利润，因此极易诱发对金钱的崇拜，对人的价值和自由的曲解，过分地强调人的享受、享乐以及极端的个人主义的出现。再次，在思想上人们缺乏理想和信仰的追求，道德价值评价的标准缺失。人们在市场经济中更多地考虑是资本，而不是理想和信念，认为理想和信念只是空的或者是大的概念，在实际生活中并不能解决问题。受这种思想的影响，人们的道德伦理底线一次次被冲垮，人与人之间的情感冷漠、见死不救、明哲保身的现象时有发生。最后，在文化领域中，非主流的文化因素不断流行，对艺术等文化的追求充满了欺骗和谎言，人们的价值观念受多元文化影响，人们仇视社会、逆反心理严重，表现出内外、表里失调的现象。

通过对转型期道德失范的原因探析中我们发现，导致这些现象发生的主要原因有：一方面，在中国转型期，政治制度体制和法律制度还不够健全和完善。市场经济中的各种关系错综复杂，我们尚未理顺，因此现在的市场经济还是未完善的一种经济体制。加之法律制度的不健全，给很多人在追求利益的时候有了空子可钻，国家的控制力和社会规范的力度被削弱了，没有外在的强制的规范的要求，加之个人主义的不断膨胀，就导致了道德下滑的现象；另一方面，价值观的多元化，使人们没有普遍的道德评价标准。人们深受儒家传统思想的影响，注重国家利益和整体利益，忽视个人利益。而新时期人们注重个人的发展，追求自己的利益，这对于传统的价值观是一种巨大的冲击。而当这样的价值观受到冲击的时候，人们迷茫了，究竟是依照传统还是响应现代道德的影响，不断地困扰着人们。随着改革开放的不断深入，传统的道德规范失掉了主导的地位，而形成了一种传统儒家思想的道德观念、计划经济时期的道德价值观、西方以个人主义为核心的资本主义价值观、社会主义市场经济价值观并存的现象。面对多重价值观人们不免有时会发生错位，不知应该如何去做道德价值判断。因此也就导致了道德领域内的混乱和真空状态。因此，我们应该清楚地认识到在这一时期，必须采取措施积极应对道德观念变化所带来的负面的和消极的影响，不仅要加速建立健全社会主义道德体系，而且还强调不仅要求人们自律，还应该与他律相结合，在实践的基础上，内外兼修、内外结合提高人们的思想道德水平。

三　在主流道德观念基础上不断变革传统伦理规范以实现社会顺利转型

　　针对中国转型期道德失落的原因分析，我们的道德建设必须要立足于实践，服务于社会主义市场经济体制的改革和发展的要求，服务于广大人民群众的道德需要，认真探索新道德体系确立的途径和方法，克服转型期所出现的不良道德现象，构建新时期的社会主义道德规范体系。

　　第一，道德理论建设要以实践为基础，与时俱进。与时俱进是马克思主义的理论品质。坚持与时俱进就是要求在思想上、理论上与时代同步，根据当时社会的实际情况进行理论创新，而不拘泥于理论框架的建构，而是要注重实践的基础。只有这样，道德建设才不是空泛的，而是充实的，才真正具有实效性。第二，坚持精神文明与物质文明共同进步与发展。改革开放前我们重精神而轻物质，因此对人们的道德教育就容易脱离实践，而出现道德教育的大、空、虚的现象。而改革开放后，又过分地强调物质，而忽视了精神文明的建设，导致了很多道德败坏现象的出现。因此，我们应该正确认识物质的价值，马克思说过："它正确地猜测到了人们为之奋斗的一切，都同他们的利益有关。"① 因此，离开物质而谈道德建设是不现实的、空洞的。而离开道德来谈物质，又会出现对物或金钱的依赖。只有在物质的基础上，根据时代的要求和现实需要，加强精神文明方面的建设，才能更好地完善道德体系。第三，批判地继承传统道德的优良成果，合理对待人类优秀的文明成果。传统道德固然有其精华的部分，诸如诚实守信、礼貌待人、团结友善、乐于助

---

① 《马克思恩格斯全集》第 1 卷，人民出版社 1995 年版，第 187 页。

人等。这些优良的传统美德都是我们应该继续发扬光大的、不断传承的品质。同时，还应该正确对待外来文化当中一些人类的文明成果，合理地运用，并将其融入现代的道德文明中，对传统文化和外来文化中的优秀内容的吸收与借鉴对于社会转型期的道德建设具有至关重要的作用。第四，建设社会主义核心价值体系。马克思曾经在《评阿·瓦格纳的"政治经济学教科书"》指出："'价值'这个普遍的概念是人们对待满足他们需要的外界物的关系密切中产生的。"也就是说，人们在日常的生活中不断地改造世界，必然要形成一定的价值观念。当这种价值观念得到普遍认同，并在社会中起主导作用，居于核心地位时就形成了一种体系。一种核心价值体系，它是社会正常运转的精神保证和依托。党的十六届六中全会通过的《中共中央关于构建社会主义和谐社会若干重大问题的决定》中，首次明确提出"社会主义核心价值体系"的命题。体系的内容，各有不同，相互统一，是一个有机的整体。分别解决了我们举什么旗、走什么路、以什么样的精神面貌出现以及如何规范人们的日常行为的问题。而面对这样一个新任务，我们还要根据实践的要求不断地凝练、深化、拓展核心价值体系的内容。第五，抓好道德建设的基础。道德建设要坚持先进性和广泛性的统一，从基层做起，打好道德建设的基础。公民基本道德规范、社会公德、职业道德、家庭美德等便是道德的基础性和广泛性的体现。只有在扎实的社会现实基础上，才能更好地完善社会主义道德体系的建立。

因此，道德建设要在实践的基础上，采取自律和他律相结合的方式，促使人们不断地自我实现、自我完善。马克思说，人是社会动物，因此不能脱离社会而抽象地谈个人，个体存在于特定的社会关系及相应的道德规范之中，对于这些先在的、既定的、不以人的意志为转移的道德的客观要求和准则，人们要接受和适应。这些外在的规范、行为的准则为人们提供了一个活动方向，或制度上的要求，为人提供了一个客观的环境。而这些道德责任或道德价值完全取决于道德规范本身，而不是主体的道德意向。个体在他律阶段的道德意识的核心是义务，就是个体做自己应该做的事情。随着道德实践活动的不断深入，人们认识到道德义务的重要性，并积极努力地认真履行自己的义务，在这一过程中，人们开始逐渐地把这种道德要求看成是自己的一种内心需要，是一种责任感。人们的道德行为已经由他律阶段向自律阶段升华，从对道德义务的遵守变成了良心的自觉，是个人对自己行为的道德责任感。黑格尔指出："真实的良心是希求自在自为的善的东西的心境，所以它具有固定的原则，而这些原则对它来说是自为的客观规定和义务。"① 良心就是一种发自内心的自我调节和自我控制。然而，良心不能只仅仅停留在自律阶段，还应该受到外界的监督，在实际的道德关系和道德活动中接受考核，需要道德义务来把握方向。因此，要实现自律和他律的统一，只有二者有机结合、相互融合，才能提高道德水平，确立正确的价值目标，塑造理想的人格。

第二节　在改革开放实践中克服抽象伦理规范以塑造理想人格

历史唯物主义认为，人类社会是一个不断由必然王国向自由王国飞跃的历史过程。道德实践的发展也不例外，必然会呈现由必然到自由这样一个过程。也就是道德主体在把握道德规范的必然性基础上，获得或占有自己的类特性即自由。道德主体的自由不是随心所欲的自由，而是自己给自己立法，即在自由选择的同时也要受必然性的限制，这两方面是相辅相成的，只有自由抉择和限制自我辩证统一地发展，人才能获得真正的自由。正如马克思所说："人不是由于具有避免某种事物发生的消极力量，而是由于表现本身的真正个性的积极力量才得到自由。"② 因此，要想获得更多的自由，就必然要克服抽象伦理规范带来的限制。那些脱离时代发展和社会实际需要的伦理规范必然会陷入空洞的、形式主义的旋涡，对于道德的进一步提高和完善毫无价值，只是从抽象意义上谈人的自由和平等，无法正确理解和指导现实生活中的道德行为。所以，马克思认为，道德是社会关系的产物，必须在现实的物质生产实践中研究道德规范和原则问题才有意义。

---

① ［德］黑格尔：《法哲学原理》，商务印书馆 1982 年版，第 139 页。
② 《马克思恩格斯文集》第 1 卷，人民出版社 2009 年版，第 335 页。

人类道德是在追求"至善"的过程中对现实社会中的人性进行规范，这个规范的理论与实践归宿就是造就理想的人格，塑造人的个性。而这种理想人格的形成离不开实践、离不开现实社会。一定社会条件下的现实生活本身，对于理想人格的塑造与实践中的实现具有决定性的作用，作为一种社会意识形态归根到底要受经济基础的制约。丰富的物质基础可以促进理想人格的不断形成和发展。同时，理想的人格所追求的人生精神境界，所表现出的道德品格，是对现实社会中利益集团的政治、经济、社会关系的反映，是现实社会生活的产物。理想人格中所表现出来的道德风尚和精神风貌，总能从现实的生活中找到痕迹和对照。可以说，道德实践所期望的理想人格必须以实践为基础并符合社会时代的发展要求，只有这样才能保证这种理想人格在社会中得以实现。马克思认为，自由是对必然的认识和自觉地运用。自由是一个社会实践的过程。道德自由、道德人格的完善，其实是一个道德自由和道德必然的关系问题。而真、善、美的人格塑造是对现实人格的一种超越、升华和扬弃。这种既源于现实又超越现实的理想追求，不但能够给人以感召力、鼓励，更是以一种"精神—实践"这一特殊的形式来把握世界，对于社会历史发展具有巨大的影响。

一　在改革开放实践中不断克服抽象伦理规范的限制

伦理道德问题是人类的永恒话题，伦理道德意识、伦理道德思想随着人类社会的发展而不断演变，其阶级性和全人类性的本质规范约束着现实社会中的一切人的存在方式和生活方式。然而，在现实生活中，人们往往受到抽象伦理的限制与规约。抽象的伦理是脱离实践的，是与人的现实生活相分离的。这种伦理只能是形式上的，只能是限制人的自由发展。因此，在改革开放实践中，伦理的建构必须在实践的基础上，以人的现实生活为依据，向人的生活世界回归。人们为了生存和发展所进行的各种活动，我们都可以称为生活。人是生活的主体，生活是人的生命动态的展开过程，是人的现实存在的一种方式。人们不仅需要衣、食、住、行等物质生活来维持人的生存，同时还要有人与人、人与社会之间协调发展的规范和行为准则来维系，以此获得精神上的满足和慰藉。这种物质和精神上的满足不仅要履行制度的规约，还要有生活伦理的相互作用，才能达到表里如一、内外兼修的效果。如果人们只是盲目地遵循外在的规范和制度，那么就会失去生活的丰富性和生活的乐趣，也就不能真正理解生活的意义所在；如果人们只是用日常生活中的伦理规范来要求自己又会使人们丧失了社会性，就会对处理人与人、人与自然、人与社会的伦理规范和法律规则的无视与冷漠。对社会中的一些伦理道德要求置之不理，我行我素。因此，我们必须要将二者结合起来，二者缺一不可，国家制度伦理要以日常生活伦理为基础。我们既要有外在的伦理规范的要求，但这种伦理规范要在日常生活实践的基础之上，又要有自己内在的自觉，这种内在的自觉是人们对现实生活方式的一种认识和反思。只有这样，我们才能自由自觉地遵守外在制度和规范，才能从内心自觉地去遵守并反思这种行为，提高自身的道德修养。然而，当我们面对现今社会的道德失落、道德冷漠、道德底线的沦丧等无情的画面时，我们迷惘了，我们无助了，究竟是什么造成了这样的现象？此时，我们应该做的是拨开挡在我们面前的迷雾，真真切切地感受内心的世界，真真实实地看清现实的生活。我们要面向生活世界，认清生活世界的真实面貌，客观地反映人们的真实生活状态，以反映真实生活的内在规则和意义来反思人们的生活方式。在现实生活中，尊重人的生命、权利和价值，为了让人们过上更幸福、美好的生活而不断地努力。

马克思曾说："人们为了能够'创造历史'，必须能够生活。但是为了生活，首先就需要吃喝住穿以及其他一些东西。因此第一个历史活动就是生产满足这些需要的资料，即生产物质生活本身。"① 通过马克思的表述，表明人们想要书写历史就要先学会如何生活，为了生活的第一个活动便是通过生产实践活动创造出能够满足人们生存的物质需要，这就必须要投入到生活世界中去。此外，还表现了只有深入生活的深处，才能够更加了解人类社会，创造出更多、更优秀的人类文明成果。换句话说，产生于生活实践的伦理具有一定的基础性和先在性。伦理道德建设必须面向生活世界，深入到人们的生活当中，指导人们的实际生活。人类理性向生活世界的转向是人类精神发展的新方向。近年来，中西方的哲学研究均表现出对生活世界转向问题的关注，哲学研究更加贴

---

① 《马克思恩格斯选集》第 1 卷，人民出版社 1995 年版，第 79 页。

近人们的生活。人们探索人的自由、全面的发展，为的是更好地提高生活的质量，寻找生活的真正意义，因此，我们必须要向生活世界回归。我们的道德建设应该面向生活、面向民众、面向实践，根据日益变化的客观情况，针对不同的利益集团，构建新的与社会主义市场经济相适应的道德体系。

伦理生活和道德生活本来就是生活世界的一部分。人们的生活本身就是一种实践活动，改革实践正是当代生活的一种方式。但是，当我们回顾新中国成立以来的道德建设的时候，发现中国的道德建设主要是政治道德。革命战争年代的道德是高度集中的共产主义和集体主义的道德，计划经济时期的道德更多考虑的是国家、集体的需要，而不是个人的需要。当然，这与当时的历史条件和时代背景是密不可分的，是十分必要的。但是随着改革开放的不断深入，人们更多关注自己、张扬自己的个性。人们的公共生活和私人生活凸显，如果此时我们还用以往的政治道德来教化人们，就会出现许多矛盾和冲突，导致人们道德观念的淡化、道德情感的冷漠等现象。我们发现伦理道德与生活世界之间的距离是越来越远。这一现象主要是受两方面的影响：其一，原始社会的时候伦理道德与原始人的生产、生活融为一体，进入现代工业文明以来，伦理生活和道德生活逐渐被生活世界所分离，在科技迅猛发展的今天，人们被工具理性所统治，人们更多关注的是伦理道德的工具价值，而伦理道德的主体性价值被忽视。道德主体的主观能动性、丰富性都受到了限制。其二，长期以来，人们所接受的伦理道德教育都是教化式的，由国家统一对人们进行道德规范的教育。这种单一的、片面的、匮乏的道德结构，面对多元化的、丰富的日常生活，就会表现出力不从心，无能为力的状况。因此，我们不能固守原有的道德观念，把道德仅仅看成是一种大道理或是一种训诫，道德更多的是体现人们在日常生活中的生活真理和为人之道、相处之道。道德来源于人们的生活实践，它的形成不是自上而下的规定或教化，而是人们在生活中通过人们的协调、契约等方式不断形成的。我们要杜绝一切把道德理论与社会现实脱节的做法，而应积极地把握当今世界的变化，掌握社会发展的客观规律，植根于现实的生活中。真正地面向生活、关注生活、珍爱生活、追求生活的价值和意义，指导现实的生活。

二　改革开放实践需要塑造理想人格

人生价值和理想的实现既要受一定的社会历史条件和社会现实的影响和制约，还要靠人的自我人格中认知、情感等多种因素的主观努力。众所周知，人是社会历史的创造者和推动者，那么人的理想人格无疑对社会历史的进步和发展起着不容忽视的作用。在对理想人格的构建中，我们发现理想人格的塑造必须是对现实的社会和社会中现实人格的反映，正如黑格尔所说："人格无条件地具有真理性。"[1] 因此，我们可以理解为理想人格的构建必须源于现实，只有这样才能被人们所接受和实现。同时，理想人格又要高于现实，是对现实中人格的一种升华和超越，这是一种善的冲动，是对其进行真、善、美的塑造，这种升华可以使理想人格具有更大的感染力、号召力，为人们提供一个前进和奋斗的目标。理想人格中的真，实际上就是指对现实的真实反映。理想人格不是观念上不切实际的空想，而是对社会现实中的道德风貌、品格风尚的一种真实的概括和总结，能够准确地把握现实社会的发展趋势。人们在为自己设计道德目标时都是以人性的实际可能性为前提的，必须坚持真的原则。在理想人格的实现过程中，不断地协调自我需求与社会道德规范之间的关系，使自身的内在目的和社会道德要求相适应，考虑自身的实际需求，以达到自我实现和自我完善的目的。所谓善就是一种超越现实、超越自我的美好愿望，是一种改变现实人格的善的冲动。这种善是在现实基础上的，并反映最大多数人的共同理想，紧跟历史和时代的步伐。最后，理想人格还应该具有美的形象。完全抽象意义上的人格是不存在的。马克思曾经指出人对自己的创造物总是"人也按照美的规律来构造"。[2] 因此，人们在理想人格的塑造中必然要有美感的要求。人们往往被生活中那种生动、美丽的榜样力量所感染，人的美感形象能够激发道德主体的创造力和进取精神。

也可以这样理解，道德上的理想人格必定是自身需要同社会道德观念和道德规范要求相统一的人格，这就反映出人在道德理想实现中的真

---

① ［德］黑格尔：《法哲学原理》，范扬、张企泰译，商务印书馆 1961 年版，第 206 页。
② 《马克思恩格斯选集》第 1 卷，人民出版社 1995 年版，第 47 页。

实需要和一种善的目的和向善的冲动。理想人格的实现就是一种注重实际又追求美的理想实现的过程。随着中国政治经济体制改革的不断深入，人们越来越务实，每个人都关注自身能力的提高和人格的完善。一方面，人们不断地发挥自己的潜力，主动、积极地为社会创造财富，服务于广大人民；另一方面，人们更加注重个人的需要，不再掩饰个人的欲求，而是不断通过完善自我的能力，适应社会的发展，满足自我的需求。这不仅体现了现代社会的时代精神，同时也展现了理想人格的真实境界。因此，理想人格的建构离不开真、善、美的规定，正是这三个方面的相互作用、相互影响辩证的统一发展，才使理想人格的塑造对人类社会生活实践具有现实的作用和意义。

作为社会成员必然遵守社会的道德规范和道德要求，这是实践理性的普遍必然要求。我们在真、善、美的理想人格塑造中为人们提供了一个对照的样本或模式，社会成员也会自觉地按照这样的规定和要求来塑造自我人格。但是，这并不是要求所有社会成员都按照一个普遍一般的模式来塑造自己，而是要在理想人格的建构中追求个性塑造。在道德生活的具体实践中，人们按照社会道德要求的总体目标行动，但同时会在这一过程中按照自己的实际需要来理解和实现这一道德理想，也就是按照道德主体的个性来塑造理想人格。这种个性化的理想人格比起模仿某个道德榜样要艰难得多。如果人们只是按照既定的模式去学别人，做别人做过的事情，按照别人的思路去做就可以了，而无须自己的努力和创造。但是对于想要成为属于我们自己的理想人格就需要不断地努力、选择、思考和权衡。一方面，个人要了解社会的变迁和社会本身所蕴含的道德必然性，并认同和接受这种客观规律，并把这种社会道德内化为自己的个人道德。另一方面，个人还应该具有一定的道德认知水平和丰富的生活经验。只有这样才能在自身需要和社会道德原则之间发生冲突时做出合理的选择，并寻求适合自己个性发展的现实途径。这不是简单的模仿而是一个积极创造的过程。在这一过程中的个性表现为个体的独特要求或生存需要与社会道德要求保持高度的内在一致。就像马克思所说："富有的人同时就是需要有完整的生命表现的人，在这样的人身上，他自己的实现表现为内在的必然性，表现为需要。"① 每个人因为其所拥有的个性与社会其他成员有所区别，也正因此影响他人与社会。正如哲学家莱布尼茨所说的世界上没有两片相同的树叶，世界上也就不可能有两个个性完全相同的人。因此，人的个性是人格的重要组成部分，没有个性就没有人格，只有塑造具有个性的理想人格，那么才能从真正意义上来实现理想人格。

可以看出，在塑造理想人格的过程中，不仅要注重真、善、美的协调统一发展，还要注重个性的充分参与和彰显。真的要求不仅要考虑到社会现实的需要，还要考虑到个体本身的利益需求。善的要求必须要超越人的私欲，以克服利己的需要，不断地完善自我。美的要求使人在真和善的基础上有一种愉悦的心情。马克思把这种真、善、美的人格塑造理解为一种能动的实践过程。他通过道德主体的实践活动来表现人的理想人格，而在这一过程中必然会充斥着各种矛盾和冲突。而人只有在这种艰难的创造中才能真正拥有理想的人格。

三　理想人格是遵守外在伦理规范与内在道德自由的统一

理想人格的塑造，不能只是从外在的伦理加以规范，也不能单单强调人的内在的道德自觉，而是二者相统一。道德就是道德主体在自由和必然关系中进行选择的一种活动。恩格斯认为："如果不谈所谓自由意志，人的责任能力，必然和自由的关系等问题，就不可能很好地讨论道德和法的问题。"② 在道德生活实践的历史与现实中也同样存在着道德自由与道德必然的关系问题。早在古希腊时期，就有很多伦理学家开始探讨道德自由与客观必然性之间的关系问题。比如：赫拉克利特就把"逻各斯"看成是伦理生活必然要遵守的普遍原则，是人们必然遵循的客观必然性。近代的哲学家斯宾诺莎在他的《伦理学》中对必然和自由问题进行了论述。他认为，人们必须要认识必然，只有这样才能控制人的情欲，使人摆脱本能的支配，依照自然规律和客观必然性进行活动，才能达到自由的境界。然而无论是古希腊还是近代的哲学家们的论

---

① 《马克思恩格斯全集》第 42 卷，人民出版社 1979 年版，第 129 页。
② 《马克思恩格斯选集》第 3 卷，人民出版社 1995 年版，第 454 页。

述，都陷入了一种机械决定论当中。于是就有了19世纪盛行一时的唯意志论，叔本华、尼采、萨特都是这种观点的代表人物。叔本华认为根本就不存在客观必然性，世界就是以生命意志的形式而存在的。尼采则把"权力意志"看成是一切道德的标准，鄙视受必然性限制的理想人格。萨特则认为人的自由选择与外在的客观规律或上帝是无关的。萨特说："人，不仅是他所设想的人，而且还只是他投入存在以后，自己所愿意变成的人。人，不外是由他自己的。这是存在主义的第一道德原理。"① 事实上，在道德自由与道德必然之间存在着机械决定论和唯意志论两种对立的观点。而恩格斯则认为一方面："自由不在于幻想中摆脱自然规律而独立，而在于认识这些规律……意志自由只是借助于对事物的认识来作出决定的能力。"② 另一方面，意志自由不是被动地受必然的限制，而在道德选择中总是表现出自由的倾向。只有必然与自由相互作用才能真正做出现实的自由选择。在人的理想人格的塑造过程中，必须遵守外在伦理规范和内在道德自由的统一。

　　具有必然性的道德规范如果想要真正在人的行为中发挥作用，就必然要内化为个体内心的法则才行，因此必须要由必然阶段向自由阶段过渡。一方面，社会中的普遍必然性的道德规范对个人进行道德限制和束缚；另一方面，个人在不断的实践中，慢慢地由不自觉到自觉、由限制到自愿，由必然到自由，个人只有认同和遵守反映客观必然性的原则和规范，才能将其内化为自己的价值目标，才能获得真正的道德人格。只有这样，人才能自由地接受外界的限制，其实这也是道德主体塑造理想人格的外在条件和保障。人类历史的发展就是在社会实践的基础上，从必然向自然过渡的过程。道德是这一过程的特殊的表现形式，同样具有这样的过程表现。因此，个人道德的完善完全取决于整个社会及其社会关系的完善。道德人格的完善，必定受一定社会历史条件的限制，具有特定的社会历史的内容，是现实社会经济关系的反映。

---

① ［法］萨特：《存在主义是一种人道主义》，上海译文出版社1988年版，第21页。
② 《马克思恩格斯选集》第3卷，人民出版社1995年版，第455页。

第三节　共产主义伦理—道德思想对当代实践的指导意义

马克思认为，共产主义是一种生成的运动过程，是一种革命性的历史过程。在这个历史中是人向自身的本质复归的过程，共产主义正是在实践基础上的一种辩证运动，并把实现人的全面自由的发展作为共产主义的最终目标。在《共产党宣言》中，马克思明确指出："代替那存在着阶级和阶级对立的资产阶级旧社会的，将是这样一个联合体，在那里，每个人的自由发展是一切人的自由发展的条件。"① 也就是说，马克思十分关注个人的自由全面的发展，并把其视为人类自由发展的前提。马克思认为共产主义是一个自由王国，在自由王国里人们不但能够积极地改造自然，合理地利用自然资源，创造丰富的物质财富，解决人与自然的矛盾。而且还可以消灭私有制、异化等对人的限制，摆脱对物的依赖，实现人的全面自由的发展。由此可见，马克思所说的共产主义具有伦理意蕴，是对人的热切关怀。马克思的以人的全面发展为核心的伦理道德思想，在今天仍然具有重要的现实意义和指导作用。党的十六届三中全会通过的《中共中央关于完善社会主义市场经济体制若干问题的决定》第一次明确提出了新的科学发展观，科学发展观的核心是以人为本，并指出发展的最终目的是实现人的全面发展。同时，强调科学处理人与人、人与社会、人与自然的关系，全面发展、协调发展与可持续性发展相统一。注重生态平衡，减少对自然的生态破坏，保护环境和资源的再利用和再发展。科学发展观正是对马克思人的全面发展理论的继承与发展，在新时期进一步丰富和发展了马克思的哲学理论。科学发展观同样是马克思伦理道德思想对当下的社会实践。现如今，人的全面发展不仅是人类社会物质文明、政治文明和精神文明的协调发展，同时也是个人的精神生活和物质生活全面可持续性的发展。只有实现了个人的全面发展，才能实现整个社会的可持续性发展。今后，我们应该更好地在马克思伦理道德思想的指导下，构建社会主义道德体系，加强精神文明建设。与时俱进，不断地发展和创新马克思的伦理思想，为中国

---

① 《马克思恩格斯选集》第 1 卷，人民出版社 1995 年版，第 294 页。

社会主义现代化建设开创新的局面。

一　共产主义伦理—道德思想对当代实践不具有直接的规范作用

共产主义是马克思恩格斯的一种道德理想，这种道德理想在马克思主义的理论和实践中具有深刻的意义。共产主义不是个人的主观道德，而是历史发展的必然，是社会发展客观规律的体现。马克思高瞻远瞩地在历史唯物主义的基础上，通过分析资本主义的社会运动、变化，进而揭示人类社会的发展规律。资本主义必然灭亡，社会主义必然诞生。共产主义是历史发展的客观趋势，必定会实现。道德理想作为一种精神存在具有超越性，它为共产主义运动提供了奋斗的目标，精神力量。但是，共产主义理想的超越性决定了它对当前的实践不具有直接的规范意义。因此，要在实践的基础上与时俱进地发展马克思的理论，使其永葆青春，拥有不竭的力量。马克思主义体现了与时俱进的理论品质。一方面，马克思本人不会把他的理论作为僵死的教条来执行，或固守原来的理论或观点。而是要结合新的实践和新的认识，对自己的观点进行修改和整理。马克思在《共产党宣言》发表 25 年后，就曾经说："由于最近 25 年来大工业有了巨大发展而工人阶级的政党组织也跟着发展起来……所以这个纲领现在有些地方已经过时了。"[①] 还认为《共产党宣言》所阐述的是整体性一般原理，实际运用的时候可以"随时随地都要以当时的历史条件为转移"。[②] 另一方面，后人从人类社会发展的规律出发并结合实际，对前人的理论进行了修改、丰富和发展。比如，中国就是结合本国的实际和当时的历史条件，不断地对马克思主义理论进行创新，形成了毛泽东思想、邓小平理论、"三个代表"重要思想、科学发展观。这些理论都是一脉相承和与时俱进的科学理论。建设中国特色社会主义，必须立足于本国的国情，以人民利益为重，走科学发展的道路，为全面建成小康社会而奋斗。

在马克思之前的伦理和道德要么从人的本性，要么从某个神的启示或先验抽象的理念来引出道德的原则和规范，在此基础上的道德是一种

---

① 《马克思恩格斯选集》第 1 卷，人民出版社 1995 年版，第 249 页。
② 同上书，第 248 页。

超验的或是永恒的东西。而马克思则认为道德伦理的研究必须在人的社会经济关系和历史发展中进行，只有在实践基础上才能真正意义上实现伦理与道德的统一，才能使人自由全面地发展。然而真正进入自由王国，实现人的自由全面发展并不是短时间能够实现的，但是马克思的共产主义伦理道德思想对现实生活却是具有重要的意义和指导作用。随着改革开放的不断深入，我们进入了新的社会转型期，面对突如其来的众多不道德的行为的发生，如何面对和克服这些现象是我们必须解决的课题。马克思的伦理思想为我们提供了参考，结合马克思关于人的全面发展理论，我们提出了以人为本的科学发展观，最终目的就是要实现人的自由全面的发展。党的十八大提出的生态文明的建设，也正是号召群众不要破坏生态平衡，实现可持续的发展。协调人与自然的关系，消除人与自然的对抗。当代道德文明的建设要立足于实践、立足于生活世界，在物质文明不断发展的同时，兼顾精神文明、政治文明的协调一致发展。

二　弘扬共产主义伦理—道德思想有利于促进人的自由全面发展

马克思指出，资本主义社会为人的发展创造了大量的物质财富，提高生产力水平，拓展了人们的社会关系。但是，在资本主义社会，人的发展却畸形化了，人的发展是不自由的，受到资本的限制，人与人、人的类本质、劳动、商品处于一种异化的状态。人们产生了对物的依赖，无法摆脱对物的追求。因此，也就无法实现人的自由全面的发展。在马克思看来，人的全面发展可以从以下几个方面来理解。首先，是人的社会关系的发展。人是社会中的人，必须要生活在一定的社会关系中，人的本质就是一切社会关系的总和。因此，人的全面发展必然包含着人的社会关系的发展。其次，人的全面发展还包括人的需要的不断满足和发展。因此，人的需要是人本身的一种内在的规定性，这种需要是人从事生产实践的动力源泉。只有当人不再受物质需要的限制的时候，人才能实现全面发展。再次，人的全面发展还包括人的能力的发展。人的能力从原始社会的受限制，到资本主义社会的片面发展，始终没能得到真正的自由发展。因此，恩格斯曾说：共产主义"将使自己的成员能够全面发挥他们的得到全面发展的才能",① 在共产主义社会，消灭分工，人不再受某一职业和领域的限制，而是从事自己喜欢的专业，挑选职业，全面发展人的能力。最后，人的全面发展还要表现为个性的自由发展。人在社会发展中从对人的依赖发展到对物的依赖，始终摆脱不掉种种限制，因此就无法发展人的个性自由。在共产主义社会，人没有了对物的依赖，有了更多的时间，去做自己喜欢做的事情，钻研自己喜爱的专业，使个性得到自由的发展，个人的自由个性的发展是整个人类自由发展的前提。马克思认为，只有在共产主义社会，才能消灭私有制，消灭剥削和分工，物质极大地丰富，人们有了更多的自由时间，人的自由全面发展的目标才能得以实现。

　　科学发展观的"以人为本"思想正是与共产主义伦理道德所追求的人的全面发展相一致，是对马克思伦理思想的继承和发展，是马克思的人的全面发展的新形态。"以人为本"是以现实的人的生产实践为基础，合理地解决人与社会、自然之间的关系，实现人的全面发展。人与自然的关系的和谐发展是人与人的社会关系发展的前提。马克思认为，自然界是人的无机身体，人是自然界的一部分。人不能离开自然的生活环境，然而人们对自然的无度开采、肆意破坏，导致了环境破坏、资源枯竭、生态危机等后果。因此，只有在共产主义社会这些"联合起来的生产者，将合理地调节他们和自然之间的物质交换"。② 消除人与自然的对抗，实现人与自然的和解。只有把人的发展作为核心内容，才能更好地确立人的主体性地位和最终价值目标。在科技迅猛发展的今天，我们应该坚持"以人为本"的核心思想，促进物质生产与精神生产的全面发展；生产力与生产关系的协调发展；人与自然的关系的可持续性发展。科学发展观正是运用马克思的人的全面发展理论解决当代的社会发展的问题，不仅具有丰富的内涵，而且有其内在的伦理旨趣。

---

① 《马克思恩格斯选集》第 1 卷，人民出版社 1995 年版，第 243 页。
② 《马克思恩格斯全集》第 46 卷，人民出版社 2003 年版，第 928 页。

第七章　马克思伦理—道德思想在社会主义道德建设中具体应用

　　毛泽东同志曾经指出："十月革命一声炮响，给我们送来了马克思列宁主义。"① 马克思主义的伦理思想是建立在唯物史观的基础上，是一种先进的、科学的伦理学体系。它的到来，使我们中国的伦理道德生活出现了前所未有的新变化，尤其是在经济体制转轨和改革开放的过程中，为我们的社会主义道德建设提供指导和借鉴。随着改革开放的不断深入，一些道德问题和道德现象不断地涌现在人们的面前，人们似乎被市场经济所带来的利益蒙蔽了双眼，中华民族的优良道德品质与我们渐行渐远。人们的道德观念不断开放，然而道德标准却异常的混乱。在计划经济体制下的人们是道德一元化，而随着社会主义市场经济的建立与不断发展，人们的道德标准呈现出多元化的现象，各种标准横行，甚至出现了以金钱、利润为道德标准的现象，这大大影响了广大人民群众的道德素质。与此同时，道德约束的力量日益的弱化，人们只关注自己的个人利益，而忽视集体的、国家的利益。人们的责任意识和集体意识不断弱化，在道德主体意识不断强化的过程中，道德约束力就显得越来越软弱无力。对于社会上的一些不道德现象，人们过度的宽容与大度，对于是非、荣辱的判断显得不够大胆和坚定。因此，道德生活中多重矛盾和冲突就会不断地显现出来。因此，我们应该理清思路，不仅从社会主义道德建设的外部环境入手，还要加强道德主体的内化作用，在内外结合的前提下，通过法律和道德相结合、道德调控与道德内化相结合的手段、个人修养与全民修养相结合，在马克思伦理道德思想的指导下进一

---

① 《毛泽东选集》第 4 卷，人民出版社 1991 年版，第 1471 页。

些加强社会主义道德建设。

第一节 优化社会主义道德建设的三大社会领域

人的社会生活，基本上分为公共生活、职业生活和婚姻家庭生活三大领域，与之相对应的就会出现社会公德、职业道德和家庭美德三种道德要求。无论人们的生活多么的广泛、多么的丰富，都离不开这三大领域，都要以这三种道德标准来要求自己，作为一种道德的调控手段，在人们的社会生活和生产实践中起着至关重要的作用。三大领域的道德准则是中国道德体系的重要组成部分，这些道德规范的强化与约束对个人内在的道德要求起着积极的促进作用。

一 社会公德的建设

公共生活本身就具有一定的开放性，是人们在公共场所进行的活动，在公共生活中必然会与他人发生联系，因此对于社会的影响更加直接与广泛。面对如此广泛、复杂和多样的公共生活，没有一定的秩序是不行的。俗话说："没有规矩不成方圆"，因此在公共生活中必须要有一定的秩序来维护，以保证公共生活的稳定性。社会公德正是维护公共生活中的一种秩序，一种手段和处理人与人之间、人与社会之间、人与自然之间关系的一种道德规范和行为准则。

中国的社会公德建设经过长期的努力，取得了一定的成就。我们继承和弘扬了中国优良的传统美德，比如：礼貌待人，讲求仁爱、注重整体利益和国家利益，等等。改革开放为中国社会主义公德建设注入了新的活力，人们在公共场所更加注重自己的言行对他人的影响，更加地尊重他人，更加关注公共场所内的一些行为礼貌要求。此外各种形式的社会公德建设实践活动蓬勃开展。

但是，我们也不得不去面对，在公德遵守方面出现的一些不尽如人意的地方。比如，在公共场所仍然有很多人表现出大声喧哗、随地乱扔垃圾、不站队等一些不文明的现象，还有很多人在旅游场所出现乱刻乱画、毁坏公共设施等现象，在交通出行方面，还有一部分人闯红灯、人车混行、车辆超载超速等。此外，随着信息技术的不断发展和深入，人们越来越多地出现在网络生活当中，一些网络活动中的不良现象也随之凸显。比如，网络欺诈、网络暴力、网络色情、网络垃圾信息等等。这些不良信息严重影响着人们的身心健康，因此网络生活中同样离不开伦理道德的支撑。生活中，我们要擅长于运用互联网的优势，在资料收集、信息查阅、网络娱乐、快捷便利方面加以运用，而对于那些不良的网络信息要加以规避。网络生活中自觉地遵守相关的道德要求，自觉地杜绝网络色情、暴力等不良信息的侵害，正确地使用网络，把网络真正变成自己的帮手，以阳光、向上的心态去看待网络上的各种问题，慢慢养成一种自律精神。

因此应该在马克思主义伦理思想的指导之下，积极地投身到社会实践活动，从自己身边的小事做起，比如随手关灯，不乱扔垃圾，随手关闭水龙头等。从点滴生活中培养公德意识。其实社会公德不在一个大而广泛的概念，也不是离我们有多么的远不可及，实际上它就在我们的身边。见到师长问好的时候是讲公德，注意保护环境是公德，乐于助人是公德，公德就是你举手投足之间就可以完成的一种道德规范。古人云"勿以善小而不为，勿以恶小而为之"，讲的就是这个道理。只有我们从身边把这些小事都做好了，才能不断地提高个人的道德水准，不断增强整个社会的道德水平。

二　职业道德的建设

职业活动是人们社会生活中十分重要的一个领域，人们通过自己所从事的工作，获得一定的经济收入，不断扩大社会交往和人际关系，同时在职业生活中实现自己的人生价值。随着社会分工的不断扩大，人与人之间不再是一个孤立的个体，而是交织在各种生产实践活动中，形成各种各样的人际关系，人们的交往活动具有一定的广泛性和复杂性，相应地就会产生对道德的一种需求。在很多方面需要道德来进行调节，而职业生活中就需要一些具有职业特征的道德和行为准则，这就是职业道德。每一个职业都有自己的职业道德要求，比如公务员要忠于祖国，服务人民，教师要为人师表，教书育人等。职业道德的最基本的要求就是爱岗敬业、诚实守信、办事公道、服务群众、奉献社会。爱岗敬业，是职业道德的最基本的要求，俗话说："干一行，爱一行"，要热爱和尊敬自己的职业和岗位，要踏踏实实、勤勤恳恳、尽心尽力地做好自己的本职工作。诚实守信是职业道德的重要内容。在自己的职业生活中要说实话，办实事，讲求诚信，不能欺骗他人、不弄虚作假，做到诚实守信是一个人品质的体现，一个企业做到诚实守信是企业生命力之所在，一个国家做到诚实守信是国际形象的有力保证。无论对于社会的哪一个层次，哪一类人，哪一种工作，诚实守信都是必不可少的职业道德要求。办事公道，特别是那些掌握人民赋予一定权力的从业群体，更要秉承办事公道的职业操守。公平、公正、公开处理各种事宜，公私分明，光明磊落，为群众办实事，办好事。服务群众，就是要面对老百姓，老百姓才是我们的衣食父母官，他们创造出巨大的物质财富和精神财富，只要是百姓提出的问题，我们就要积极地解决，真正做到服务于百姓，替百姓着想。具有全心全意为人民服务的职业精神。奉献社会是职业道德的最高境界。有这种崇高境界的人全心全意地去服务于人民、社会和国家，不求回报，只讲付出。愿意为了人民、为了社会和国家奉献自己的一切。

加强职业道德建设，是当前社会主义道德建设的重点。一个社会的发展必然要依赖社会中的人去努力工作，不断地创造物质财富和精神财富。只有从业人员都以职业道德要求自己，才能使整个行业发展起来，才能使整个社会成员的道德水平得到提高。然而，当我们看到在商业活动中出现欺诈、不诚信等现象的时候，当我们看到官场上出现的腐败、奢靡、违法乱纪等现象的时候，当我们看到许多假冒伪劣、有毒食品频繁出现的时候。我们清楚地意识到加强职业道德建设，已经势在必行。

首先，我们要高度重视职业道德对于整个道德体系中的作用。要在职业道德方面多做一些工作，从国家层面上加以重视、引导，制定相关的政策、法规，尤其对于一些新兴行业的职业道德要求，更要跟上时代的步伐，为职业道德建设指明正确的方向、途径。其次，加强职业道德建设，应对当前职业道德的整体现状有所掌握，对于一些不适应时代发展潮流的，不符合职业特点的，不符合人们的合理内在需求的，都应该加以调整。比如原来过度地关注集体利益，而忽视个人正当利益，过度地讲究精神上的积极性，而忽视物质上的奖励，等等。只有顺应时代的发展，制定符合实际的切实有效的职业道德建设措施，把加强职业道德建设做到实处。再次，加强职业道德建设，必须要与市场经济相适应，还要关注世界经济发展的变化趋势。由于经济形势的不断变化，出现了许多新兴的产业和职业，这些职业呈现出了不同的特点，加强职业道德建设必须适应这样的特点。最后，加强职业道德建设，必须要与改革相结合。党的十八大之后，深化各行各业的改革势在必行，因此，我们要不断探索各行业的深化改革，从管理模式上、从经济体制上、从规范制定上，真正地把职业道德建设落到实处。

三　婚姻家庭美德的建设

婚姻制度属于上层建筑的范畴，归根结底要由经济基础决定，要取决于物质生产力。人类社会的生产方式有两种，一种是物质资料的生产，另一种是人口的生产。人口的生产是通过恋爱婚姻的形式表现出来的。因此，我们常常感叹爱情和婚姻的伟大。它不仅仅满足了人类繁衍后代的需求，同时也使人们得到了爱的情感体验。然而，人的感情世界又是复杂多变化的，因此必须有一定的道德要求，来保证恋爱、婚姻、家庭生活的美满与幸福。因此，我们先了解一下爱情的内涵。关于爱情的说法有太多太多。不同的人有不同的理解，不同的角度有不同的理解。从字面上理解："爱"和"情"的结合；爱是喜欢，爱是给予和奉献；情是两人之间的互相吸引和倾慕。从哲学家角度上理解：据说古希腊哲学家柏拉图问他的老师苏格拉底什么是爱情？苏格拉底让柏拉图到麦田里采一个最满意的麦穗带回来，但是不许往回走，后来柏拉图空手而归，苏格拉底问：你怎么没采到自己心仪的麦穗？柏拉图说：我总觉得前边还有更好的，所以我就一直往前走，可是到最后才发现，没找到自己满意的。苏格拉底说这就是爱情，爱情像理想一样，很容易错过。德国古典哲学家康德说：爱情必须满足三个条件，第一，有一个你爱的人；第二，有一个爱你的人；第三，前两个是同一个人。马克思：爱情乃是美好的观念支配的传宗接代的欲望。爱情在不同的时代有着不同的理解，现代意义上的爱情是一对男女基于一定的社会基础和共同的生活理想，在各自内心形成的相互倾慕，并渴望对方成为自己终身伴侣的一种强烈、纯真、专一的感情。性爱、理想和责任是构成爱情的三个基本要素。其实如何去理解爱情的内涵，可谓仁者见仁，智者见智。爱情是美好的，但爱情本质上不仅仅是浪漫的感情体验，更是一种责任，一种由性爱、理想，义务等多种因素交织在一起的复杂的精神现象，是一个严肃的人生课题。

对于恋爱，最重要的还是恋爱观的确立。首先，要建立健康的爱情基础。这里不仅包括要尊重人格的平等，恋爱中的男女是独立的，人格上是平等的，谁也不是谁的附属品，更不要因为对方而迷失自我。还要自觉承担恋爱中的责任，当爱情面临困难和挫折时，要正视你们的爱情，要勇于承担责任，这才是爱情本质的真正体现。其次，要培养爱的能力。当你去表达爱或者是迎接爱的时候，要注意一定的方式方法，当你期盼已久的爱情到来的时候，要勇敢、大胆地去接受它，培养如何接受爱和表达爱的能力。如果这段感情是你不想要的，那么要委婉地去拒绝，注意尊重他的感情。还有就是在恋爱过程中要学会发展爱，学会处理恋爱中的各种矛盾和争吵，要善于处理你与恋人的各种恋爱问题，使你们的爱情更加保鲜和长久。最后，就是要理智地对待恋爱中的挫折，当你面临失恋等问题时，一定要失恋不失德，不能没有道德标准，一味地伤害对方，失恋不失态，要保持良好的精神状态，用克服恋爱中的困难，失恋不失命，珍视自己的生命，不要因为失恋而失掉自己宝贵的生命。爱情是美好的，当你拥有它的时候，要珍惜它，爱护它，建立正确的恋爱观。

而婚姻正是恋爱的升华，是恋爱成熟的标志。现今社会，以爱情为基础的婚姻虽然是婚姻的主流，但却还存在着一些因为某些利益而结合的婚姻。比如因为金钱、门第等，这样的现象在某些地方还是存在的。因此，加强婚姻道德建设最重要的就是要改变这些不良的婚姻现象。首先，在婚姻问题上要采用婚姻自由，人格平等的原则，夫妻之间要互相信任、互相帮助、互相尊重、互相爱慕。其次，要积极地引导恋爱中的男女，不要被金钱等利益所影响，要用真心面对自己的爱情和婚姻。既然已经结婚，就要为了双方的幸福，努力、相爱地走下去，在共同生活的过程中，既会有顺境，又会有逆境，只有在爱情的力量的引导之下，才能夫妻同舟共济，相守到老。

家庭是指在婚姻关系、血缘关系或收养关系基础上产生的、由亲属之间所构成的社会生活单位。家庭成员之间的关系是一种特殊的伦理道德关系。它涵盖了夫妻间的、长幼、邻里之间的关系，是每一个公民都应该遵守的家庭准则和行为规范。在家庭中，家庭成员之间要相亲相爱、孝敬父母、尊老爱幼，男女之间要平等、互爱，夫妻间要和睦相处、两情相悦。同时每一个家庭成员都应该学会勤俭持家、邻里团结。

改革开放以来，经济的不断增长，为家庭提供了坚实的经济基础和社会基础。但是，我们也清楚地看到，经济所带来的消极影响，有的家庭因为财产问题，闹得六亲不认，亲人间的亲情逐渐淡化，越来越多地体现为一种金钱关系。同时，西方一些思潮的影响，人们对性的理解开始有了新的变化，一些人违背婚姻原则，出现了重婚、婚外情等现象，这些现象又不得不引起我们的重视，让我们重新来审视社会主义家庭美德的建设问题。笔者认为，一方面，加强家庭道德建设，要从整体入手，齐抓共管，不是一个家庭的事情，而是整个社会的事情。通过一定的社区组织、群团组织通过各种方式宣传家庭美德。创造良好的社会氛围，使人们在温馨的大环境中感受家庭的温暖；另一方面，加强家庭美德建设，还要与相关的法律规范相结合。从自律和他律两个方面，进行家庭美德方面的教育和约束。

第二节　激发道德建设主体的内在动力

社会道德是相对于个人道德而言的，每个国家和社会都有着相关的道德原则和规范要求，在社会生活中人们必须遵循相应的道德要求。但是我们发现，如果只是通过外在的他律手段来规范人们的行为，并不能真正意义上达到提高全民道德水平和内在修养的目的。因此，只有当这些社会道德内化为个人的优秀道德品质，人们通过社会实践把这种道德品质贯穿在所从事的实践活动中，才能够发挥其真正的作用。只有社会道德转化为个体的内在自觉才能真正发挥它的功能，社会道德通过人们在社会中所扮演的角度进行转换，人们在各式各样的角色中，根据社会的道德要求和价值取向，一方面考虑自身的需要，另一方面也要考虑是否会得到社会的认同。因此，也会根据社会要求的不断变化来调整自己的个人内在需求。在不断的内化过程中，我们看到社会道德具有普遍性，是整个社会共同利益、价值的整体反映，这个普遍性离不开特殊性，它需要向个体内化，内化为个体的行为准则和目标，个体把这种道德规范看成是一种内在自觉，一种自律方面的要求。只有这样才能实现他律与自律的结合，内在与外在，伦理与道德的相互协调，相互作用。

激发道德建设主体的内在动力并不是简单的事情，要通过必要的内化过程才能得以实现。首先，人们要形成一定的道德认识。我们通过一些直观的方式或经验总结，以及理性分析，来判别事情的善恶、美丑等。其次，就是要有道德情感的升华。当我们有了道德认识之后，要把它培育成为内心的感情，对好的、高尚的行为有一种莫名的崇敬感，对坏的、卑劣的行为会产生痛恨感。再次，就是要对这种道德情感保持一种坚韧的意志精神，以一种打不倒、顽强拼搏的意志去面对一些来自个人内部或外部社会的压力和问题。最后，上升为一种道德信念。把人们对社会道德所提倡的正确的道德规范、价值取向升华为自己的信念。并对其坚信不疑，主动承担道德责任和道德义务。主体的内在自觉发挥得越好，人们就会把对道德要求的遵守看成一种习惯，看成一种顺其自然的事情，就会自觉地按照社会道德规范来要求自己，不断地提高和完善自我。

一　发挥道德人格的内在作用

从伦理学角度而言，道德人格就是指人的道德品质，道德品格。道德人格的形成具有一定的规律性。它必须产生于社会关系当中，抛开社会关系来说，人们无所谓善恶、美丑，只有在一定的社会关系中形成了各种各样的人际关系，才会产生道德关系，才会关乎人的道德人格。我们从小到大接受优良的道德教育，老师和家长经常会给我们讲一些大道德，介绍道德模范人物，但是我们还是看到了许多大学生毕业工作不久就被辞退，而原因却不是因为能力问题，主要是当代大学生的修养不及格，上班迟到早退、逃避责任、不诚信等等。尤其是在市场经济条件给人们带了巨大物质财富的同时，也带来了很多不良的现象，比如人们过度地关注于金钱、关注于享乐、关注于个人主义，这势必会给社会主义道德建设带来前所未有的困难和阻碍，因此，我们不能让这些不良的价值取向占据人的品格，要避免人的品格在金钱旋涡中无法自拔。因此，我们要注重发挥道德人格的作用。而简单的外在道德教育的灌输是不能解决我们所面临的道德困局，而是要发挥道德人格的内在作用，注重内在的锻炼与升华。

马克思曾经说过："因为道德的基础是人类精神的自律。"① 人们的道德自觉对于道德品质的培养具有重要的作用。我们要擅长自己教育自己，自己反省自己，通过不断地内省、反思来完善自我。如果只是盲目地遵守外在的行为规范而不能够坚持自律，也就很难形成良好的道德人格。当人们面临形形色色的社会诱惑，而对各种利益冲突，当你必须做出选择的时候，就必须要积极地发挥道德人格的内在作用，充分利用自律精神，严格要求自己，拿出足够的勇气去判断和做出选择。否则，就会无法保持正确的判断，甚至无法分辨荣辱，场面可谓混乱不堪。因此，我们不难看出，好的道德人格自然就会形成良好的道德素质，而不好的道德人格就会引起道德的沦陷，有的时候人们明明知道这么做是不对的，但最终还是选择那样做，就是道德人格的内化问题没有真正意义上得到解决，而只是进行皮毛式的教导和填鸭式的灌输，而未真正从个体的内在去理解和消化这些道德规范和道德行为。同时，道德的不断内化、自省，去努力完成对"至善"的追求。对"至善"的追求，人的全面自由发展都是人们不断追求的目标，然而这种目标的追求正是人格不断提升的动力，人们不断地完善自我，靠近目标。正是因为这种道德人格的内在动力使然，使人们不断去追求完善的、和谐的道德人格，不断提升个人的道德境界。因此，在当今社会，我们十分有必要对广大的群众进行道德人格的培养，知行统一，从真正意义上做到由内而外的自觉遵守，养成良好的道德习惯，不断提高个人的道德修养，提升全民族的道德素质。

二 提高个体道德的修养程度

社会不仅要对公民进行道德教育，更加注重提高公民的道德修养。道德修养是一种道德实践活动，是个人自觉地将道德规范和道德原则转变为自己内在的一种道德品格的过程，也是个人不断地自我反省、自我批评、自我提升的过程。道德修养的目的是以期达到道德的最高境界。

---

① 《马克思恩格斯全集》第 1 卷，人民出版社 1995 年版，第 119 页。

虽然人不是天生就有道德感，这些道德情操需要后天的培育和教导，但这些却又只能是外在的手段和形式，人们必须通过内在自觉才能将其真正变为个人的道德品质，才能使道德规范深入人心，达到道德教育的目的。

古今中外都十分注重道德修养问题。在中国古代很多大思想家比如孔子、孟子、荀子、朱熹等都对此做过论述。孔子就曾说过："德之不修，学之不讲，闻义不能徙，不善不能改，是吾忧也。"[1] 强调修养的重要作用，强调内心的、道德方面的修养。在西方伦理思想史上，亚里士多德就曾指出人们对"至善"的追求，就是一种幸福，通过人们对自己的反省来不断地找出自己的不足，通过内省、沉思的方式以达到理性的生活状态。然而，在我们看到古人在道德修养方面的成就时，我们又不得不承认其所存在的唯心主义倾向。马克思也十分注重道德修养的作用。他曾指出："如果你想得到艺术的享受，那你就必须是一个有艺术修养的人。"[2] 马克思主义主要是从实践角度来分析和看待道德修养问题。道德修养其实是个人的一种内在自觉，一种不断完善自我的过程，往往是自己跟自己"较劲"、自己跟自己在"斗争"，就是在这样一种状态下才能让好的品德战胜不好的道德行为。同时，我们也看到道德修养并不是一蹴而就的，而是需要一个长期的磨炼和积累的过程。可以说这个过程是伴随人的一生的，人们对于道德境界的追求是无止境的，是人的一种内在的需要。因此，我们必须要重视道德修养问题，并把它落到实处，渗透社会生产和生活实践当中来。

道德修养并不是闭门造车，也不是闭门思过，而必须要与社会实践相结合，在社会实践活动的基础上不断地完善自我，离开社会实践无论方法多么先进和科学都培养不出高尚的道德品质和道德情操。因此，道德实践必须融入社会生产和生活实践中来，渗透与人息息相关的各项社会活动中来。通过实践我们不但可以提高人的道德修养水平，同时也利用实践检验真知的方法，看看我们所认同的道德规范和标准是否是正确的，是否在当今社会是可行的。只有通过实践的不断检验，我们才能做

---

① 《论语·述而》。
② 《马克思恩格斯全集》第3卷，人民出版社2002年版，第364页。

出正确的道德选择，坚定我们的道德意志，才能更加完善我们的道德人格，达到最高的道德境界。在坚持道德修养与社会实践相联系的前提下，我们可以借鉴古今中外一些好的道德修养的方法，再结合现今社会的发展变化趋势，提供一些好的借鉴。在道德修养方面，我们可以采用以下几种方法。第一，学思并重。我们认知的过程中，应该强调内在的思考，把所学的知识内化于心，达到学以致用的效果。第二，内省自讼。要经常自我批评、自我反省来找出自身所存在的问题，并加以改正，对于那些不好的想法和苗头，要注意抑制和加以防控。第三，慎独自律。可以说道德修养所要达到的目的之一，就是慎独，在没有人关注你的时候，只有一个人在场的时候，你是否还会严格要求自己，这需要很强的自律精神。正如苏霍姆林斯基所说："一个人能进行自省，面对自己的良心进行自白，这是精神生活的最高境界；只有那些在人类的道德财富中找到自己榜样的人，才有希望达到这个境界。"[①] 只有个人完全自觉地遵守各种道德规范，才是真正达到了一定的水平。第四，和善为德。古人云："不以善小而不为，不以恶小而为之"，从小事一点点做起，不断积累，把这些"善行"一点点地巩固下去，让它变成一种美德，一种优良的道德品质。最后，知行合一。我们只有知是不行的，必须把它付诸行动之中，才能辨别真伪、善恶。只是知而不见诸行动，是达不到道德教育的目的，也不可能提高人的道德修养水平。因此，我们要知行合一，内外兼修，自觉自律，不断地提高人的道德水平和道德情操。

三　促进人的本质需要的发展

人的全面发展是指人的素质得到全面提高和协调发展，当然道德素质是人的全面发展不可或缺的因素之一。一个人只有把外在的道德教育内化为个人的道德修养，并逐步形成高尚的道德品质，才能成就道德的一生，促进人的全面协调发展。因此，对于人的全面发展我们更应该重视道德因素的重要作用。道德是人的一种本质需要。这不仅取决于人们

---

① ［苏］苏霍姆林斯基：《和青年校长的谈话》，上海教育出版社 1983 年版，第 98—99 页。

所处的社会环境，也取决于个体自身不断完善的内在要求。马克思曾经这样描绘人的本质："人的本质不是单个人所固有的抽象物，在其现实性上，它是一切社会关系的总和。"① 也就是说，人离不开社会，人的本质属性在于社会属性。在社会生活和生产实践中人们结成各种各样的社会关系，在各种利益的诱导下就会出现一些纷争，这就需要一定的规范进行调节。这就产生了对道德的需要，人们开始用道德来约束彼此的行为。人们慢慢地知道怎么做是大家都认同并能接受的，怎么做是大家所不能容忍的。但是，这种需要却只是外在的一种约束力量。人们为了不脱离各种社会，为了被人们所认同，就会被迫地接受这些道德规范的调节和制约。真正要想使其成为个体的自觉，真正拥有现实性，就必须要向个体的内在世界进行转换。这种转换又是人本质的一种内在的需要，人们渴望完善自我，渴望自己的行为被社会认同，渴望自己成为一个道德的人。通过自我反省、自我沉思、自我批评来不断去把道德规范变成一种道德自觉和道德习惯，真正成为自己个人内在的一种需要。因此，每个人都从自身的实际需要出发，道德本身就是人的一种内在的需要，每个人都会产生对道德的需要和渴望。

人们对道德的需要是在社会实践中完成的。首先，社会实践形成了各种社会关系。人们通过社会生产形成了各式各样的社会关系，这些社会关系如何来调节，需要道德进行规范与制约。其次，随着生产实践活动的不断深入，"他炼出新的品质，通过生产而发展和改造自身，造成新的力量和新的观念，造成新交往方式、新的需要和新的语言"。② 因此，就会出现一种新的道德要求和新的道德规范的出现。人们为了适应这些新的道德变化和要求又会不断地学习内化新的道德知识，养成新的道德品质。这也促进了人的自我意识和道德意识的发展，人们会剥离表面的道德现象，深入道德本质，真正把握道德的精神实质。把道德的发展真正走向个人的自律阶段。只有个体把道德规范的遵守变成一种自律的行为，道德的现实性才能够得以彰显；才能够真正成为人的内心的真实写照与表白；才能够由内而外地散发着自由、和谐、自在的气息；才

① 《马克思恩格斯选集》第1卷，人民出版社1995年版，第60页。
② 《马克思恩格斯全集》第30卷，人民出版社1995年版，第487页。

能够真正成长为一个拥有高尚的道德情操和道德境界的人。

第三节　社会主义道德建设的途径与方法

社会主义道德建设是一个系统工程，它与社会的各个方面、各层次之间是一种相互影响、相互协调、相互渗透的一种融合关系。绝不是孤立的个体，作为上层建筑必然要受经济基础的制约，因此就必须要与社会主义市场经济相适应。因此，社会主义道德建设不仅需要与法制建设相结合，还要注重与其他外部的教育环境相结合，从而有效地加强道德调控与道德内化的转换与结合，进一步提高个人的道德修养，为全民族的素质提高提供有力的道德保证。关于社会主义道德建设的途径与方法的研究，很多人提出了许多好的对策和点子。比如：有人认为应该从社会三大领域即社会公德、职业道德、家庭美德入手进行建设，也有人认为可以从社会主义道德建设的核心——为人民服务的原则和集体主义原则等方面入手进行对策分析。本节主要是从道德与法制的结合，道德调控与内化的结合，个人素质与全民素质的结合三个方面进行讨论，力求能在阐明法制与德制相结合的基础上，实现内外的统一协调，提高全民族的道德水平，为社会主义道德建设提供一些借鉴。

一　道德建设与法律建设相结合

道德和法律是既有区别又相互联系。法律是他律性的，他通过国家机关制定法律条文，进而对人们的行为进行强制性的规定，迫使人们必须依靠法律行事，否则就是失去人身自由或是受到相应的财产损失。人们惧怕这种权威，就会小心谨慎地进行一些社会活动，但这种遵守并不是出自内心的自愿。而道德是自律的，他是人们自觉地、自愿地去遵守道德行为规范的要求。由于不是强制性的，人们有时就会轻视道德的作用，做了不道德的事，只要不违法，他们就会不以为然。因此，当我们在法律上对某人的行为进行了严厉制裁的时候，我们有时会看到违法者的冷漠与无情。当我们在道德上谴责他人时，又会发现道德的力量的薄弱与无奈。所以，我们发现许多社会问题不是单靠法律或单靠道德就能解决的，法律也有自己的盲区，而道德也有无法解决的空白。因此，我们应该把二者很好地结合起来。虽然道德和法律在形式上和手段上存在一定的差别，但二者在实现的目标上是一致的，都是为了调控社会的秩序，维护社会的稳定。二者是相互协调，互相发展的关系。

目前，我们应该大力加强立法工作，对于目前一些新兴行业中出现的空白，要积极地进行覆盖，让人们有法可依，同时也要把一些道德规范进一步的立法化，让他们更加具有法律效应，比如出现的医托问题，明星代言等问题，我们只能从道德上去谴责他们，并没有具体的法律来严格要求他们。此外，我们也要加大一些法律规范的执行力度，比如环境保护方面的法规，已经相应地出台，但却还是存在许多破坏环境的行为，人们的环保意识淡漠，这都需要进一步地加大宣传的力度，与道德教育相结合，帮助人们认清环境污染所带来的危害，让人们自觉地遵守一定的道德规范，不随便乱扔垃圾、要注重废物的回收、讲求低碳绿色的环境生活等等。这都是从道德方面加以自律性的培养，使法律教育与德制教育有机地结合在一起，为社会主义道德建设做出努力。

二　道德教育与自我调控相结合

道德社会调控主要是通过道德教育、道德评价和道德奖惩来实现的。这三种方式属于一种外在的社会调控手段。道德教育主要就是人们根据一定的道德规范和道德行为准则，有目的、有计划地进行道德方面的培养。主要有家庭教育、学校教育和社会教育三大部分。道德不是生下来就有的，是后天习得而来的。父母可以说是孩子的第一任老师，家庭教育对孩子的道德情操的形成至关重要。家庭教育是在亲情的基础上，通过言传身教的方式方法，在潜移默化的过程中慢慢积累起来的。家庭教育的好坏，对于孩子将来成为一个什么样的人，拥有何等的道德品质，可以说是有不可推卸的责任。父母的言行对孩子是一种直接的影响，孩子会模仿父母的一言一行，因此，父母要做孩子的榜样，让孩子有一个好的家庭教育环境，有助于陶冶孩子的情操。当孩子进入学校学习后，接受的是一种有计划的、正规的教育，学校是一个培养孩子德智体全面发展的地方，德位于学校要培养孩子所具有的品质之首，是学校首要的工作任务。学校会向孩子灌输一些社会行为准则和道德规范，帮助学生们区分善恶、美丑，适应社会的需要和发展。在人的成长过程中，学校的道德教育扮演着十分重要的角色。此外，还有一种道德教育的方式就是社会道德教育，这种教育方式没有指定的教育对象，具有一定的普遍性。渠道也十分广泛，内容丰富，形式多样，不仅可以通过认知引导、舆论作用、标榜力量等，帮助人们树立正确的荣辱观，养成良好的道德习惯。

当然，这些道德教育的手段都是一种通过外在的方式对人们的道德行为加以他律，并未真正地达到自律的阶段。因此，就要与自我调控相结合，一起加以运用，规范人们的行为，促进社会道德风尚的形成。再好的道德教育对策或计划，只要个体不是从内心加以认同、接受、运用，那么这些道德规范只能是做表面文章，表面上这样做，在没有人关注的时候还会各行其是，并不能真正地达到道德规范的现实作用。因此，强调内在的自我道德调控十分必要，只有将二者相结合，才能使人们自觉地接受外在的道德教育，并在自己内心深处对道德规范加以认知，形成一定的情感，在此基础上通过不断地磨炼与反思，形成一定的道德意志，对不道德的东西就会坚决地摒弃，对高尚的道德行为就会赞成和认同，并会在道德活动中付诸行动。慢慢地把这些外在的道德规范，一点点内化为自己的一种道德自觉，形成一种道德习惯，不断提升自己的道德修养，才能够以内养外，内外合一，达到道德教育的真正目的。真正使人们成为道德的人，成为拥有道德自觉的人，成为具有高尚品质和道德情操的人，形成良好的社会氛围，促进社会和谐发展。

三　个人修养与全民素质提升相结合

社会是由不同的个人组成的，只有每个人都得到了充分的自由发展，才能够使整个社会的水平得到提高。虽然，近几年来我们的道德建设取得了一些成绩，但是也有很多地方还是有些不尽人意。一部分人不遵守社会公德，随地乱扔垃圾，不讲文明等现象还常有发生，在职业道德方面，一些人利用手中的权力，进行权钱交易，大大影响了党员干部在广大人民群众中的印象。自党的十八大以来，我党在党风、党纪的要求上更上了一个新的台阶，对广大党员干部提出了十分具体的要求，并倡导秉承职业操守，为人民服务。在国外，一些国人的不文明现象也时常出现在各大媒体和网络上，这些都影响了我们的整体道德水平。因此，每个人的道德修养的提高是整体道德水平提高的前提。我们不能只讲一些道德规范，只讲一些方针政策，而忽视了对个人道德修养的培养。我们更应把着力点放在个人道德修养的培养上，并把他与全民道德素质的提升紧密地联系在一起。只有这样才能够真正做到提高全民道德水平。

个人修养同时也离不开全民素质的提升，如果全民素质得到提升也就意味着每个人的修养相应地得到了提升，这会为个人道德修养的提高创造更好的条件，提供更好的榜样人物，营造良好的交往氛围。所以，在我们制定相关的道德规范和原则时，会给定一个大致的方向和轮廓，人们也会按照这样的标准来要求自己，并不断地内化为自己的一种道德自觉，这时每个人在这种大环境的影响下，不断地通过自己的反思、批评等方式去接纳和发展这些伦理规范，并把它们内化于己，经过时间的积累，个人的道德境界就会有所提升。自然而然地就会使这些高尚的道德情况流露在日常的行为当中，并不需要外在的约束和强迫，而是自己内心主动地、自愿地去愿意这样做，这时个人的道德水平逐步得到提高，同时，全民素质的整体水平也到了提高。只有这样我们才会有一个好的循环，社会中的每个人发展得好，社会就发展得好，每个人所生活的社会得到了进步和提高，那么个人也就得到了提升。

当前，在社会主义市场经济条件下，人们的思想观念不断地发展变化，社会道德建设面临许多困难和问题。因此，加强道德外部建设和内部建设的结合，仍然是当今社会道德建设的一个重点。我们仍然要强调道德主体的主动性、能动性去适应道德观念的变化，不断地增强道德的自觉性，提高个人的道德觉悟。同时，要进一步优化外部的道德教育环境，把物质文明、精神文明和政治文明制度结合起来，真正为道德主体的内在自觉的实现提供有力的保障，只有这样道德建设才是着眼于实处，真正在社会生产实践活动中产生作用，才会真正转化为人的道德品质和道德情操，进而形成优良的社会道德风气，提高整个社会的道德水平。

参考文献

[1]《马克思恩格斯全集》第 1 卷，人民出版社 1956 年版。

[2]《马克思恩格斯全集》第 30 卷，人民出版社 1995 年版。

[3]《马克思恩格斯全集》第 31 卷，人民出版社 1998 年版。

[4]《马克思恩格斯全集》第 3 卷，人民出版社 2002 年版。

[5]《马克思恩格斯全集》第 40 卷，人民出版社 1982 年版。

[6]《马克思恩格斯全集》第 42 卷，人民出版社 1979 年版。

[7] 马克思：《1844 年经济学哲学手稿》，人民出版社 2000 年版。

[8] 康德：《纯粹理性批判》，邓晓芒译，人民出版社 2004 年版。

[9] 康德：《未来形而上学导论》，庞景仁译，商务印书馆 1978 年版。

[10] 康德：《实践理性批判》，邓晓芒译，人民出版社 2003 年版。

[11] 康德：《道德形而上学原理》，苗力田译，上海人民出版社 1996
    年版。

[12] 黑格尔：《历史哲学》，王造时译，世纪出版集团上海书店出版社
    2001 年版。

[13] 黑格尔：《哲学史讲演录》第 1—4 卷，贺麟、王太庆译，商务印
    书馆 1960 年版。

[14] 黑格尔：《精神现象学》上、下卷，贺麟、王玖兴译，商务印书
    馆 1979 年版。

[15] 黑格尔：《小逻辑》，贺麟译，商务印书馆 1980 年版。

[16] 黑格尔：《法哲学原理》，商务印书馆 1961 年版。

[17] 柏拉图：《理想国》，郭斌、张竹明译，商务印书馆 1986 年版。

[18] 亚里士多德：《尼各马可伦理学》，商务印书馆 2003 年版。

[19] 亚里士多德：《政治学》，商务印书馆 1965 年版。

［20］罗尔斯：《道德哲学史讲义》，上海三联书店 2001 年版。

［21］罗尔斯：《万民法》，吉林人民出版社 2001 年版。

［22］罗尔斯：《正义论》，中国社会科学出版社 1988 年版。

［23］罗尔斯：《政治自由主义》，译林出版社 2000 年版。

［24］罗尔斯：《作为公平的正义》，上海三联书店 2002 年版。

［25］哈贝马斯：《后形而上学思想》，译林出版社 2001 年版。

［26］哈贝马斯：《现代性的哲学话语》，译林出版社 2004 年版。

［27］哈贝马斯：《在事实与规范之间》，生活·读书·新知三联书店
　　　2003 年版。

［28］麦金太尔：《追寻美德》，龚群、戴扬毅等译，译林出版社 2003
　　　年版。

［29］麦金太尔：《伦理学简史》，龚群译，商务印书馆 2004 年版。

［30］斯宾诺莎：《伦理学》，商务印书馆 1983 年版。

［31］马基雅维里：《君主论》，潘汉典译，商务印书馆 1996 年版。

［32］马基雅维里：《论李维》，冯克利译，上海人民出版社 2005 年版。

［33］马基雅维里：《佛罗伦萨史》，李活译，商务印书馆 1982 年版。

［34］卢梭：《论人类不平等的起因和基础》，商务印书馆 2007 年版。

［35］卢梭：《社会契约论》，商务印书馆 2003 年版。

［36］乔治·摩尔：《伦理学原理》，商务印书馆 1983 年版。

［37］休谟：《人性论》，商务印书馆 1980 年版。

［38］笛卡尔：《第一哲学沉思集》，庞景仁译，商务印书馆 1986 年版。

［39］海德格尔：《人，诗意地安居》，郜元宝译，上海远东出版社
　　　1995 年版。

［40］海德格尔：《存在与时间》，陈嘉映、王庆节译，生活·读书·新
　　　知三联书店 2006 年版。

［41］海德格尔：《面向思的事情》，陈小文、孙周兴译，商务印书馆
　　　1996 年版。

［42］海德格尔：《现象学之基本问题》，丁耘译，上海译文出版社
　　　2008 年版。

［43］海德格尔：《林中路》，孙周兴译，上海译文出版社 2004 年版。

［44］弗里德里希·迈内克：《马基雅维里主义》，商务印书馆 2003

年版。

［45］乔治·摩尔：《伦理学原理》，商务印书馆1983年版。

［46］詹姆斯·雷切尔斯：《道德的理由》，杨宗元译，中国人民大学出版社2009年版。

［47］古谢伊诺夫等：《西方伦理学简史》，杨宗元译，中国人民大学出版社1992年版。

［48］列奥·施特劳斯等：《政治哲学史》上，李天然等译，河北人民出版社1998年版。

［49］文德尔班：《古代哲学史》，詹文杰译，生活·读书·新知三联书店2009年版。

［50］文德尔班：《哲学史教程》（上、下），罗达仁译，商务印书馆1993年版。

［51］韦伯：《新教伦理与资本主义精神》，陕西师范大学出版社2006年版。

［52］韦伯：《学术与政治》，上海三联书店2005年版。

［53］黄颂杰：《西方哲学多维透视》，上海人民出版社2002年版。

［54］孙正聿：《孙正聿哲学文集》第6卷，吉林人民出版社2007年版。

［55］孙正聿：《孙正聿哲学修养十五讲》，北京大学出版社2004年版。

［56］孙正聿：《哲学通论》，辽宁人民出版社2000年版。

［57］陆杰荣：《形而上学与境界》，中国社会科学出版社2006年版。

［58］陆杰荣：《哲学境界》，吉林教育出版社1998年版。

［59］王国坛：《感性的超越》，辽宁大学出版社2005年版。

［60］郭忠义：《社会理性与市场经济的兴起》，经济科学出版社2001年版。

［61］郭忠义：《经济转轨与制度理念变迁》，辽宁大学出版社2005年版。

［62］刘放桐：《现代西方哲学述评》，人民出版社1985年版。

［63］刘放桐：《新编现代西方哲学》，人民出版社2000年版。

［64］邓晓芒：《邓晓芒讲黑格尔》，北京大学出版社2006年版。

［65］邓晓芒：《康德哲学讲演录》，广西师范大学出版社2006年版。

［66］吴德勤：《永远的马克思》，上海大学出版社 2004 年版。

［67］罗国杰：《伦理学教程》，中国人民大学出版社 1997 年版。

［68］宋希仁：《西方伦理思想史》，中国人民大学出版社 2004 年版。

［69］宋希仁：《当代外国伦理思想》，中国人民大学出版社 2000 年版。

［70］宋希仁：《伦理的探索》，河南人民出版社 2003 年版。

［71］何怀宏：《伦理学是什么》，北京大学出版社 2002 年版。

［72］唐凯麟等：《20 世纪中国伦理思潮》，高等教育出版社 2003 年版。

［73］唐凯麟等：《伦理学》，高等教育出版社 2001 年版。

［74］魏英敏：《当代中国伦理与道德》，北京昆仑出版社 2001 年版。

［75］魏英敏：《新伦理学教程》，北京大学出版社 2003 年版。

［76］万俊人：《20 世纪西方伦理学经典》，中国人民大学出版社 2004
　　年版。

［77］周中之：《伦理学》，人民出版社 2005 年版。

［78］倪愫襄：《伦理学简论》，武汉大学出版社 2007 年版。

［79］王海明：《伦理学方法》，商务印书馆 2004 年版。

［80］王海明：《伦理学导论》，复旦大学出版社 2009 年版。

［81］王国银：《德性伦理研究》，吉林人民出版社 2006 年版。

［82］安启念：《马克思恩格斯伦理思想研究》，武汉大学出版社 2010
　　年版。

［83］张应杭：《伦理学概论》，浙江大学出版社 2009 年版。

［84］廖申白：《伦理学概论》，北京师范大学出版社 2009 年版。

［85］王泽应：《20 世纪中国马克思主义伦理思想研究》，人民出版社
　　2008 年版。

［86］张之沧：《西方马克思主义伦理思想研究》，南京师范大学出版社
　　2008 年版。

［87］毕彦华：《何谓伦理学》，中国编译出版社 2010 年版。

［88］张志伟：《西方哲学史》，中国人民大学出版社 2002 年版。

［89］俞吾金、陈学明：《国外马克思主义哲学流派新编西方马克思主
　　义卷》上、下卷，复旦大学出版社 2002 年版。

［90］刘兴章：《感性存在与感性解放》，湖南师范大学出版社 2009
　　年版。

[91] 杨耕:《为马克思辩护》,北京师范大学出版社 2004 年版。

[92] R. G. 佩弗:《马克思主义、道德与社会正义》,吕梁山等译,高等教育出版社 2010 年版。

[93] 叔贵峰:《马克思宗教批判的革命变革——从理性的批判到实践的批判》,人民出版社 2008 年版。

[94] 许启贤:《中国当代伦理问题》,教育科学出版社 2000 年版。

[95] 王南湜:《辩证法:从理论逻辑到实践智慧》,武汉大学出版社 2011 年版。

[96] 肖群忠:《伦理与传统》,人民出版社 2006 年版。

[97] 邵晓光:《当代实践特点与哲学应用》,《江海学刊》2002 年第 5 期。

[98] 刘福森:《马克思的新哲学观和新世界观》,《学习与探索》1998 年第 1 期。

[99] 欧阳旭曦:《义务·法则·自由的内在统一》,《湖南大学学报》2003 年第 3 期。

[100] 陈亚军:《道德的客观性何以可能?》,《北京大学学报》1995 年第 6 期

[101] 冀艳丽:《浅析康德道德哲学中的"人"》,《重庆科技学院学报》2011 年第 7 期。

[102] 高兆明:《道德:自由意志的内在定在》,《伦理学研究》2005 年第 1 期。

[103] 李寿初:《道德的客观性浅析》,《清华大学学报》2009 年第 3 期。

[104] 丁凡:《走出黑格尔体系的青年马克思》,《马克思主义与现实》2010 年第 1 期。

[105] 寇东亮:《从"阶级的道德"到"真正人的道德"》,《马克思主义与现实》2009 年第 1 期。

[106] 薛桂波:《意志、自由和法》,《吉林师范大学学报》2009 年第 1 期。

[107] 高尚荣:《现代性道德重构的精神哲学进路》,《河南大学学报》2010 年第 1 期。

［108］谭志君：《浅析黑格尔法哲学中自由与法的内在逻辑》，《湘潭大学社会科学学报》2000 年第 1 期。

［109］张威：《黑格尔法哲学体系的精神现象学方法及其当代启示》，《前沿》2009 年第 12 期。

［110］胡之芳：《道德的逻辑发展与法的道德性》，《探索与争鸣》2001 年第 6 期。

［111］宋希仁：《"道德"概念的历史回顾》，《玉溪师范学院学报》2004 年第 4 期。

［112］张之沧：《西方马克思主义伦理思想研究》，《马克思主义与现实》2010 年第 2 期。

［113］张之沧：《马克思的道德观解析》，《马克思主义研究》2010 年第 9 期。

［114］何良安：《论道德理论在马克思思想体系中的地位》，《伦理学研究》2007 年第 1 期。

［115］金可溪：《谈对马克思道德理论的评价》，《人文杂志》1997 年第 4 期。

［116］刘鹏、陈玉照：《"正义之争"与马克思的"非道德论"问题》，《社会主义研究》2010 年第 4 期。

［117］王淑芹：《道德的自律与他律》，《道德与文明》1998 年第 4 期。

附　　录

麦金太尔的德性论及其对大学生
道德培养的启示[*]

【摘要】：本文主要通过对麦金太尔德性论的论述入手，阐述了德性与实践、德性与个人生活整体、德性与传统等观点对中国大学生道德培养的重要启示，要求我们不仅应该重视大学生道德培养内在价值与外在价值相统一，而且要注重全面性的培养。

【关键字】：麦金太尔　德性论　大学生道德

工业革命带给人类社会巨大的物质享受的同时，却严重影响人类道德生活的进步。功利主义和情感主义盛行，人们在对待问题上利益和情感因素占据了主要的地位，人类的道德已经被边缘化。人们的道德生活陷入危机，人们不采用普遍的标准和规则来看待事物，而是以自我的感情和功利的观点看待问题。这种西方的道德衰退也直接影响中国的社会道德进步，广大青年学生作为时代的先锋者和佼佼者，容易接受新鲜事物，加之正处于心理和生理的半成熟期，容易受到西方的情感主义、个人主义、功利主义的影响。如何才能摆脱危机，建立一个有序的道德社会？对提高大学生道德素质具有理论和现实意义。

---

* 发表于《沈阳师范大学学报》（社会科学版）2012 年第 1 期。

一　麦金太尔的德性论

麦金太尔认为，当代人类的道德实践面临的危机主要体现在三个方面：1. 人们在对待社会中的事物和问题时总是凭借自己的主观印象和个人情感来做判断。2. 个人看待事物的一些原则、规范是没有客观根据的。3. 传统的德性发生了变化，并从中心位置退到了边缘。面对危机如何化解，麦金太尔提出了他的德性论。他的德性论有一相连贯的三个方面。

（一）德性与实践的关系

麦多太尔十分重视实践，强调德性应该贯彻到实践中，并提出在实践活动过程中的外在利益和内在利益是有所区分的。麦金太尔理解的实践就是人们通过生产实践来追求这种活动的最卓越的过程，以此来获取该活动的内在利益。所谓外在利益就是人们通过从事一定形式的实践活动，获得的金钱、物质方面的利益。这种获得就是某人的财产和所拥有的东西，某人占有多了就意味着一些人占有的少。所谓内在利益是指一种特定的实践本身内在具有的，除了这种实践活动，别的其他形式的实践活动不具备的。因此，也只有在参加这一实践活动的人中才能有相关的经验和知识。比如歌唱家在从事表演的过程中，对作品的完美演绎和给人带来的愉悦享受，这是演唱这一特定活动本身的内在利益，而歌唱家由此获得的声名、地位、金钱就是外在的利益。

麦金太尔通过"实践"的概念，初步的把德性定义为："德性是一种获得性人类品质，这种德性的拥有和践行，使我们能够获得实践的内在利益，缺乏这种德性，就无从获得这些利益。"[①] 通过这一概念充分阐明德性在人类生活中的位置。麦金太尔指出德性对任何一种实践活动来说都是不可或缺的，实践活动的真正意义就是内在利益。因此，德性和实践活动是不可分的，缺乏德性的实践活动也不是麦金太尔说的实践。

（二）德性与人的整体生活的关系

---

① ［美］麦金太尔：《德性之后》，龚群、戴扬毅等译，中国社会科学出版社 1995 年版，第 241 页。

麦金太尔认为，德性通过实践来实现，在一个人的生活整体中得以展现。现代个人的生活已经不成整体，人们被消解成不同的角色分在不同的领域中，个人与社会相分离，私人领域和公共领域相分离，等等。面对如此不相联系的各个领域，亚里士多德主义的品质根本就没有践行的余地。所以出现了不同的职业有不同的标准要求，所以这种遵循职业道德规范看作是合乎社会道德的要求的。麦金太尔认为应该把人的出生、生活和生命的结束看成是一个整体的概念，并从这一意义上丰富了德性的概念内涵。他认为德性必定被理解为这样的品质："将不仅维持实践，使我们获得实践的内在利益，而且也将使我们能够克服我们所遭遇的伤害、危险、诱惑和涣散，从而在对相关类型的善的追求中支撑我们，并且还将不断增长的自我认识和对善的认识充实我们。"①

（三）德性与传统

每一个人在社会中都不是孤立存在的，不能脱离实践而对美德夸夸其谈，必须从事实践活动，作为社会的一种角色，处理社会关系中的各种问题和矛盾。从历史角度看，个人必须要继承传统，不能离开传统的东西、丢掉根的东西。每个人都具有一些和传统相关的特殊的道德规定性。麦金太尔认为，处在这样一种传统中，我就可以发现我自己所属的那个历史的部分。并且不论是否自我意识到，我都是历史的承载者。麦金太尔反复强调，一个人如何与历史相关系，关键是通过传统，而德性就是为个人和传统相关联提供了条件。同时，麦金太尔指出道德不是摸不着、看不见的凭空产生的，而是要继承传统，持续着传统。而对于善的追求是传统的一个部分，而这种追求善的美德对传统有着重要的意义。麦金太尔的第三层德性定义即是：对美德的实践不仅是对传统的维持和强化，同时也指出德性的缺失必然削弱并破坏着传统。

二　麦金太尔的德性论对大学生道德培养的启示

传统意义上认为人才就是具有扎实的理论基础、专业的技能技巧。而大大忽视了人的精神层面的要求。可当人的物质基础得到进一步满足

---

① ［美］麦金太尔：《德性之后》，龚群、戴扬毅等译，中国社会科学出版社1995年版，第277页。

的时候，人们对道德的追求地位就会显现出来。如果缺乏一定的德性对学生的学习、生活，乃至于方方面面都会产生极为不利的影响。而对于只重视知识的学习而忽视道德培养的所谓的"人才"是不能够适应社会的发展。麦金太尔的德性论对中国的道德生活，对大学生的人格培养具有深刻的启示。

（一）德性的实践性强调对内在利益的追求，有利于大学生的全面发展

现代社会中，人们通过实践活动所产生的外在利益如：金钱、地位、权利等成为人们追求的唯一目的。使人们为了一己私欲，而道德沦丧。大学生中出现很多这样的现象如学生的诚信问题、功利主义问题等等，严重影响着对大学生道德修养的培养。对学生进行道德教育和高尚人格的培养，帮助学生更好地适应社会的要求和变化。正当的外在利益我们可以靠正当的手段去获取，这可以帮助我们提供一些必要的物质基础，而且社会主义道德是保证个人的正当利益发展的。促使实践的内在利益和外在利益相统一，有利于学生的发展。

（二）德性论强调个人的整体性，有利于提高大学生的整体道德素质。

现代西方传统道德出现了危机，使得人们的道德标准只是个人的，而不是普遍的、社会的。随着社会分工的越来越细，人们被割裂为不同领域的不同人，有着各种不同的身份。人们在道德行为上，认为遵守该领域的道德规范和准则就是在践行美德，就是正当的行为，这种所谓的正当性必然会导致不同行业的不同道德要求的相互碰撞和冲突。整个社会也失去了一个普遍的标准，所以人们在面对一些伦理问题时争论不休，却没有一个合理的解决。麦金太尔认为人是一个整体，并不是被消解的碎片，在人类生活的实践活动中，应该强调人的完整性，追求最高的善，做道德高尚的人。麦金太尔的这一思想有利于我们注重大学完整性的培养，强调道德提升的整体性。

（三）德性与传统的密切关系，有利于大学生理解中国传统文化的内涵。

麦金太尔认为，人类就是靠美德来维系个人和传统，把历史的、现在的和未来的维系起来。这一点对于我们看待中国的传统文化有深刻的

启示，中国是一个有着源远流长的传统文化的文明古国。传统文化起着一个承上启下，连接中国上下五千年的必要环节。传统文化并不是过时的东西，对待传统文化要"取其精华、去其糟粕"，传统文化中的很多东西诸如："爱国主义"、"整体精神"等等，对于现代社会都是具有很重要的价值。面对新形势大学生应该结合当前的经济状况，继承传统，整合优势，不断挖掘传统文化的深层次的内容，丰富社会主义道德体系。

　　麦金太尔的"德性论"对西方道德危机并不能够做到药到病除，但对于中国社会主义市场经济条件下如何在继承传统的基础上，建构一种适应社会发展的道德体系，培养大学生的道德素质，具有一定的指导意义。

德性作为实践的内在利益 [*]

【摘要】：本书主要以实践和德性的概念入手，阐述了实践是德性实现的前提条件，德性获得要靠实践两方面的内容。分析了实践的内在利益和外在利益，德性作为一种获得性品质，要通过实践的内在利益来实现。当今社会，我们要将德性与实践紧密相连，充分实现实践的内在利益和外在利益的结合，在德性的指导下实现人的全面自由的发展。

【关键字】：德性　实践　内在利益

随着经济的飞速发展，人们的生活水平不断提高，物质享受越来越丰富。我们在为人类的伟大智慧和实践能力而感到自豪和骄傲的同时，不得不承认个人更多地关注自身的利益，使得普遍的道德尺度和标准丧失，道德生活陷入危机。义务和功利主义在我们面前"横冲直撞"。面对这样的现实，我们不得不反思德性和实践之间的关系。麦金太尔在《德性之后》一书中对实践做了内在利益和外在利益的区分，这对我们今天的实践哲学的建构及社会发展具有一定的理论意义和现实意义。

一　从德性论角度对实践进行解读

亚里士多德最先提出了实践的概念。并在其诸多的著作中多种含义上提到实践一词。在《尼各马科伦理学》中，他把人类活动分为实践与创制。并且区别二者，实践活动的目的在于获得实践本身的卓越，主要指伦理和政治活动，而创制活动主要是外在的生产和创制物。这也导致了后来实践哲学的二元论分裂。而德性正是实践之善，是完成实践活

---

* 发表于《辽宁广播电视大学学报》2012 年第 2 期。

动所需的良好的品质。如果没有实践，德性就无从谈起。

康德和亚里士多德一样重视实践在德性中的作用。而康德认为，对人的实践活动的探讨，就是对人的自由意志的探讨。道德是最纯粹的实践理性，它的根基是纯粹的自由意志。对于自由我们不能认识，但是在实践理性中我们可以大胆地实践它，并且通过这样一种实践，使没有知识内容的自由，充实起来。德性是一种自由的原则，也就是理性摆脱外在限制，根据普遍的理性法则支配自己、约束自己的原则。康德的实践虽然给了德性实现的前提，但康德的实践法则是纯形式的，纯义务的，抽象的道德实践。和具体的现实的人的活动无法形成一致。

黑格尔提出了康德实践观的致命弱点，"正如理论同客观的感性材料相对立，同样，实践理性也和实践的感性、冲动、嗜好等相对立。完善的道德只能在彼岸……因此在实践理性里自我意识被当作自在存在"，[①] "思想的丰富内容只是在主观形式中展示出来，得不到现实和证实"。[②] 黑格尔认为，只有通过生产劳动，才能使实践得以真实的具体的展开。劳动是实践活动的基本形式。黑格尔在《精神现象学》里谈到的主奴辩证法，充分说明了怎样在劳动中突破外在限制，从而获得内在的自由感。主人和奴隶是人类历史上最特殊的关系，表面上，主人最自由，而奴隶最不自由，但黑格尔认为，主人实际上是不自由的，因为他依赖奴隶的劳动才获得自由，也就是主人所谓的自由是有条件限制的，如果没有奴隶的劳动，主人就什么也不会做，无法生活，处处受限制。而奴隶虽然处处受主人的支配，没有自己的自由，但是奴隶可以在物质生产劳动中感受到对对象世界支配的自由，从而唤起和陶冶了自己的自由感。马克思对黑格尔的实践观给予了极高的评价，但马克思同时又指出："黑格尔在现代国民经济学家的立场上。他把劳动看作人的本质，看作人的自我确证的本质；他只看到劳动的积极方面，没有看到劳动的消极方面。劳动是人在外化范围之内的或者作为外化的人的自为的生成。黑格尔唯一知道并承认的劳动是抽象的精神的劳动。"[③]

---

① ［德］黑格尔：《哲学史讲演录》第 4 卷，贺麟、王太庆译，商务印书馆 1978 年版，第 292 页

② 同上书，第 303 页。

③ ［德］马克思：《1844 年经济学哲学手稿》，人民出版社 2000 年版，第 101 页。

麦多太尔十分重视实践，强调德性应该贯彻到实践中，并提出在实践活动过程中的外在利益和内在利益是有所区分的。麦金太尔理解的实践就是人类通过一定的劳动，在追求劳动活动本身的卓越过程中，获得和这种活动方式相一致的内在利益。所谓外在利益就是人们通过从事一定形式的实践活动，获得的金钱、物质方面的利益。这种获得就是某人的财产和所拥有的东西，某人占有多了当然一些人就占有的少。所谓内在利益是指一种特定的实践本身内在具有的，除了这种实践活动，别的其他形式的实践活动不具有的。因此，也只有在参加这一实践活动的人中才能有相关的经验和知识。比如歌唱家在从事表演的过程中，对作品的完美演绎和给人带来的愉悦享受，这是演唱这一特定活动的本身的内在利益，而歌唱家由此获得的声名、地位、金钱就是外在的利益。对于内在利益和外在利益，麦金太尔更注重前者，而忽视后者。而马克思的实践却是以其生产性为基础的前提下强调二者的辩证统一，在强调内在利益的同时，也不能忽视外在利益的获得。

二　以实践为切入点对德性论进行阐释

亚里士多德将德性分为两类，一类是理智的，一类是伦理的。"我们的德性既非出于本性而生成，也非反乎本性而生成，而是自然地接受了它们，通过习惯而达到完满"①，并且"我们自然地接受了这份赠礼，先以潜能形式把它随身携带，然后以现实活动的方式把它展示出来（在人这是显而易见的，我们并非由于多次看而获得看的感觉，多次听获得听的感觉，反之，是有了就用，不是用了才有），正如其他技术一样，我们必须先进行现实活动，才能得到这些德性"。② 这里所说的现实活动就是指实践活动，德性只有靠实践活动才能够获得，而亚里士多德所说的实践活动就是麦金太尔所说的实践的内在利益。

在《道德形而上学》中，康德这样定义德性："德性就是人在遵循自己的义务时准则的力量"③。德性具有自我约束的能力，当人的某种

① 苗力田：《亚里士多德全集》第 8 卷，中国人民大学出版社 1992 年版，第 30—31 页。
② 同上书，第 25 页。
③ 张荣、李秋零：《道德形而上学》，中国人民大学出版社 2007 年版，第 393—394 页。

爱好与道德要求相矛盾的时候，德性就会很好的控制个人的爱好，使自己的爱好符合道德的要求。康德的实践理性跟感性世界没有关系，是关于物自体的，涉及人的自由、人的实践能力、人的意志、人的欲望等问题。人一开始就有欲望，就有意志，并把这种欲望和意志表现在经验世界，体现并实现在自己的实践活动中，对感性的世界造成影响。

黑格尔揭示出德性的特质就是伦理实体性，即德性一方面是具有普遍性的本质和目的，另一方面又是个别化了的现实。真正的道德要体现在客观上，就是伦理。黑格尔认为："伦理是自由的体现。"法是自由的理念，法就是自由，所以伦理也是自由的理念，是一种"活的善"。伦理是活生生的善，这不是一个永远追求不到的目标，它就是我们已经追求到了的一种体现在精神上，体现在现实中，向着善的最终目标接近的至善，最大的善。

麦金太尔通过"实践"的概念，初步的把德性定义为："德性是一种获得性人类品质，这种德性的拥有和践行，使我们能够获得实践的内在利益，缺乏这种德性，就无从获得这些利益。"① 通过论述充分阐明的德性在人类生活中的位置。麦金太尔认为任何实践活动都是不能缺乏德性的成分，缺少了德性也就失去了实践活动的内在利益和意义。因此，德性和实践活动是不可分的，麦金太尔所说的实践活动是不能缺乏德性的。德性与实践是密切相联系的，不是体现在人的生活的片断而是人的生活的全部。现代个人的生活已经不成整体，人们被消解成不同的角色分在不同的领域中，个人与社会相分离，私人领域和公共领域相分离，等等。面对如此不相联系的各个领域，亚里士多德主义的品质根本就没有践行的余地。所以出现了不同的职业有不同的标准要求，所以这种遵循职业道德规范看作合乎社会道德的要求。麦金太尔认为应该把人的出生、生活和生命的结束看成是一个整体的概念，并从这一意义上丰富了德性的概念内涵。他认为德性必定被理解为这样的品质："将不仅维持实践，使我们获得实践的内在利益，而且也将使我们能够克服我们所遭遇的伤害、危险、诱惑和涣散，从而在对相关类型的善的追求中支

---

① ［美］麦金太尔：《德性之后》，龚群、戴扬毅等译，中国社会科学出版社 1995 年版，第 241 页。

撑我们，并且还将不断增长的自我认识和对善的认识充实我们。"①

马克思注重德性在生产劳动中的实现，把人的德性力量看成是人的一种本质力量。人通过生产实践活动使人的这种本质力量得以彰显。德性只有植根于人的实践和劳动中才能够得以实现。而德性对于实践来说是它的一种内在利益，当人们的内在利益得以实现的时候，它的德性力量得以充分体现。

由此可见，德性与实践是一种相互依存的关系，但是二者却总有矛盾和冲突。当外在利益与之发生的冲突时，德性就会坚决的支持内在利益一边。但是，我们对待外在利益又不能彻底打死，我们必须要做到实践的内在利益和外在利益相统一，这样我们也会有更好的德性作为我们的指导，帮助我们度过道德危机。正确认识实践的内在利益和外在利益不仅具有一定的理论价值，对现今社会还具有现实的指导意义。

---

① ［美］麦金太尔：《德性之后》，龚群、戴扬毅等译，中国社会科学出版社 1995 年版，第 277 页。

《思想道德修养与法律基础》课
教学方法新探*

[摘要]："思想道德修养与法律基础"课要提高教学效果，必须进行教学方法的改革。本书通过分析"基础课"的现状及教学过程中在教学方法运用方面存在的问题，提出了参与式、一多结合式、实践延伸法等多种教学方法相融合的新的教学方法研究。力求为增强"基础课"的吸引力，提高学生的学习兴趣，达到高校思想政治理论课的教学目的，切实增强理论课的针对性和实效性。

[关键字]：基础课 教学方法

《思想道德修养与法律基础》课（以下简称"基础课"）是高校思想政治理论课之一。"基础课"对大学生进行人生观、价值观、世界观、道德观、法制观等方面的教育，提高学生的思想道德修养和法律素养。近年来，随着经济的发展和学生对互联网的普遍应用，越来越多的道德问题凸显出来，给理论课教学带来了很大的冲击。"基础课"作为大学生最先接触的理论课程，如何适应时代的变迁？如何能够吸引广大学生的眼球？让学生主动地、积极地投身到理论课的学习中，是摆在每一个理论课教师面前的一个迫切的课题。让学生爱上理论课首先应该考虑的是教学方法的创新。结合工作实际，我想谈谈自己对这一问题的看法和几点心得体会。

---

* 发表于《辽宁行政学院学报》2012 年 10 月。

一　"基础课"的现状

"基础课"目前普遍存在两个方面的问题：一方面是大学生普遍认为学好专业课、掌握外语和计算机等工具学科，才是最主要的。对于理论课的学习则是能混则混、能逃则逃，缺乏兴趣和主动学习的愿望。他们认为理论课没有用处，既不能作为将来找工作的砝码，也不像专业技术那样具有实用性；另一方面，由于理论课教师在方法上的过于陈旧和单一，往往使"基础课"缺乏足够的吸引力，学生们上课时出现睡觉、吃东西、聊天等现象，甚至有的学生逃课、代课，以此来逃避上理论课。

然而成为德智体美全面发展的社会主义事业的建设者和接班人，是历史发展对大学生的必然要求。德是人才素质的灵魂，没有德性的培养，就像大树没有根基一样，无法供给营养，就算再有才华也会无法成为一个德才兼备的人。只有大学生自觉接受理论课教育，才能促进思想道德素质、科学文化素质和健康素质协调发展。如何使晦涩的理论课内容变得生动活泼，关键在于教学方法的应用，在于如何调动学生主动学习的兴趣，只有这样才能达到使学生"爱学"、"肯学"、"会学"、"学好"的目的。

二　"基础课"教学方法中存在的问题

（一）教师一言堂，缺乏互动教学环节

很多"基础课"教师，由于多年来一直沿袭陈旧的教学方法，加之"基础课"均是近百人的大课，所以很多老师认为让学生来参与课堂教学既麻烦又浪费时间，而在课堂上一张嘴、一支粉笔，一讲到底，根本不给学生参与课堂的机会。这种缺乏参与性的教学模式会使课堂变得枯燥乏味，打击了学生参与课堂教学的积极性。

（二）教师能力有限，缺乏多学科的综合能力

"基础课"教学中，学生更喜欢看到博学多才、风趣幽默的老师，而由于每一位教师本人能力不同，在教学中所表现出来的样态也各不相同，如果让每一位教师都能够从不同学科、角度来渗透教学内容，这大大增加了教师授课的难度，因此要想满足所有学生的需求，可谓难上加

难。可在现如今的"基础课"教学中这种社会发展快,学生要求高,教师们能力有限的现象普遍存在。

（三）实践教学走过场,摆架子

由于实践教学需要资金、场地、人员配合等多方面的因素,因此往往操作起来比较困难,因此一些高校,就大大缩减了实践课学时、学分,只是摆摆样子,敷衍了事。然而,对于"基础课"的教学,应该注重理论联系实际,加强学生实践能力的培养,把日常所学的理论知识付诸实践,才能内化为自己的知识。切实增强教育教学的针对性、实效性和吸引力,充分发挥思想政治理论课在大学生思想政治教育中的主渠道的作用,以实践促进课程教学,提升理论课教学效果。

三　"基础课"教学方法新探

（一）"参与式"教学方法,增强学生互动

1. 情境模拟教学,使学生身临其境

情境模拟教学,主要是让学生们根据课堂讲授的内容,通过情景短剧、演讲、模拟授课、新闻简报等多种方式,来为新课做一个导入。我们可以把学生分成若干组,根据学生所报的内容,引导学生做相应的情境模拟的演示,这种方法大大增加了学生的课堂参与率,同时吸引学生学习的兴趣,要想做模拟演示,必然要对教学内容有所了解,激发学生的创造性。比如,在讲授"基础课"第六章第三节树立正确的恋爱观时,学生们就自编自导自演了一部《爱情三部曲》的系列短剧,剧中显现了恋爱过程中大学生所表现出来的种种现象,通过一个个案例让学生明白爱情的真谛,树立正确的恋爱观。

2. 案例教学,使学生受到启发

案例教学是一种动态的、开放的教学方式,通过对现实生活中大学生所关心的热点、难点问题进行比较和分析,同时对事例进行讲解和讨论,使学生从中得到启发。讲授新课的过程中,恰当的案例选择可以使得课堂教学达到事半功倍的效果。比如:在讲到第四章诚信部分,通过学生考试作弊、拖欠助学贷款、求职简历造假这些发生在学生周围的具体事例出发,教育和引导学生做一个诚实守信的人,也只有这样才能够在社会上立足,做一个顶天立地的人。

3. 分组讨论，加深学习印象

教学中使用分组讨论，把班级的学生按照 6—8 人进行分组，把讨论的内容课前布置给大家，督促学生利用业余时间，查阅相关的资料，选出一个来发表意见，然后开展讨论和交流。这种做使得人数众多的"基础课"，能有更多的学生参与到课堂教育中来，不仅能够提高学生自学的能力、交流能力、组织协调的能力和表达能力，也能够使学生们从不同的角度来认识问题，提高教学的针对性，实现教学目的。

（二）"一多模式"教学法，整合资源优势

1. 轮班教学，发挥所长

为了能够让学生们感受不同老师的风格和魅力，采取轮班教学的方式。我们根据大纲的要求将教学内容分为四个专题：一是适应性教育；二是人生观、价值观、理想信念教育；三是道德修养教育；四是法制观念教育。每位教师负责讲授其中的一个或两个专题，然后轮班进行教学。这样不仅发挥教师在不同专题中的特长，使得专题更细、更深，给学生们带去更多、更加丰富的知识内容。学生们感受不同老师的教学风格同时，摄取了来自多个老师的大量的知识积累，可谓一举多得，目前这样的教学方式已经在实际教学中运行三年多的时间，十分受学生的喜爱。

2. 同一主题，不同角度授课

为了加深"基础课"的理论深度，为学生从不同角度呈现同一问题的不同解答，我们采用了同一主题，多个教师共同讲授，比如说：在讲授道德部分，我们请各专业的老师从哲学、社会学、心理学等多个角度来讲解，帮助学生在多学科的背景下理解所学的内容。同时，也使教师们互相学习、互相促进。通过在一堂课中的不同角度教学，帮助老师掌握更好的方法进行深度教学。

3. 学生讲述亲身体验

在讲授绪论部分，我们请来一些大二、大三的优秀学生，亲身讲述自己是如何适应大学生活，处理各种人际交往，协调学习和工作的各种关系，帮助学生们尽快适应大学生活。同时，在讲授择业和就业的时候也可以请已经毕业的学生回到课堂上，向学弟学妹们讲讲自己当年的求职经历、自己在考研和工作中是如何选择的等等。这样一来，更能够贴近学生的心理，尽早帮助学生们适应大学生活，树立良好的学习理念，坚定自己的理想信念。

（三）强化实践教学，增强针对性

1. 实践成果展示

在"基础课"教学过程中，应该始终贯穿着实践环节，每年规定一个大的主题，并在学期结束后在全校进行成果展示。比如：我们可以以演讲作为大的主题，学生们根据所学的内容，选择演讲的题目，以班级为单位进行预赛，推荐 2 名参赛选手代表班级参加复赛，最终选出若干名学生参加最后的决赛，在全校进行汇报演讲，并对优秀选手进行奖励和表彰。与此同时，根据不同的主题变换安排各种汇报形式，比如：情景短剧大赛、DV 大赛、创业大赛等多种形式。帮助学生们更加贴近自己的生活、学习和工作。

2. 参观爱国主义基地

在当代，国际形势风云变化，如何在经济全球化背景下，弘扬爱国主义，激发学生的爱国情怀，可以说是每一个理论课教师必须注重的，并把爱国主义教育融入课堂，深入人心。我们可以组织学生参观诸如博物馆、"九一八"纪念馆、大帅府、故宫等爱国主义教育基地，通过讲解员的讲解更加直观地感受一段段历史，加深学生对自己祖国的爱。面对现如今国际形势的风云变化，教育学生们更加坚定爱国的情感，为祖国的繁荣和昌盛，而努力学习，明确当代大学生所肩负的历史使命，树立马克思主义的信念，做一个忠诚的爱国者。

3. 开展青年志愿者活动

志愿服务几乎是每个文明社会不可缺少的一部分，它是指任何人自愿贡献个人的时间和精力，在不为物质报酬的前提下，为推动人类发展、社会进步和社会福利事业而提供服务的活动。因此，"基础课"教学中应鼓励学生深入社区、公共场所、养老院、社会福利院、农村等地，为需要帮助的人提供自己力所能及的帮助，送去你的爱心、你的知识、你的热情。让学生们都能够拥有一颗善良、乐于助人的心。帮助他们健康、幸福的成长。

总之，在教学过程中，我们应该根据学生的需求现状和课堂的表现，不断的探索新的教学方法，以增强"基础"课的吸引力、感染力和说服力，调动学生的学习积极性，提高他们的学习兴趣，使学生成为真正的学习主体，学有所获，优化"基础"课的教学效果。不断探索研究，发挥学生的主观能动性，促使他们积极参与课堂教学活动，达到"基础"课教学的目的，提高教学的实效性。

后　记

本书是作者在博士论文的基础上，经过了一年多深入细致的研究，最终完成此书的撰写。本书也是对我多年从事高校教学和科研工作的一个阶段性的汇报和总结。本书以西方传统伦理—道德关系的演进逻辑作为理论聚焦的切入点，比较系统地梳理了伦理道德关系的发展，目的是把伦理与道德关系的变化在西方哲学发展历程中加以呈现，通过对这一发展过程的内容及其实质的解析，梳理出演进的阶段及其基本走向，并且通过对其问题的诠释，以彰显马克思对以往的传统所进行的批判和改造，并在人的感性活动的基础上实现伦理与道德的统一。以此加深我们对马克思主义伦理学的理解，丰富马克思主义哲学的理论研究。同时，在综合国内外研究现状的基础上，通过对马克思原著中的伦理—道德思想的解读，提炼出其伦理—道德思想的发展脉络及内在逻辑，展现出具体的、历史的、实践的伦理道德观点，汲取当前对马克思伦理—道德思想研究的合理内核，为中国当前的社会主义道德建设提供理论借鉴。

2002 年大学毕业后，我留校当了一名专职辅导员，面对可爱的学生我产生了浓厚的感情，也对这份教书育人的工作产生了更多的崇敬和不舍。工作之余，我也在反复思考如何才能更好地工作，更好地去帮助学生们答疑解惑。我想首要的还是应该不断提高自己，只有你拥有了更多知识才能更好地传授给学生，所以我选择继续深造学习。2004 年我考取了沈阳师范大学马克思主义理论与思想政治教育专业的硕士研究生，师从辽宁省教学名师王虹教授，她像母亲一样教会了我做人和做事的道理，指引着我一步一步向前不断进取。2009 年我考取了辽宁大学马克思主义哲学专业的博士研究生，师从哲学与公共管理学院院长王国坛教授。在博士论文的写作过程中，我的导师给了我很多的帮助，从本书的选题、框架结构的制定、论文的撰写、修改到最终完成的整个过程中，倾注了王老师的辛勤汗水和大量的精力，老师的悉心指导和宽容关怀仍然历历在目，仿佛就是昨天。王老师为人耿直、学识渊博、思想睿智、视野开阔、治学严谨、品德高尚，这一切都深深地影响和感动着我。学生无以为报，愿意追随老师一生，听从老师的教诲。同时，也要感谢师母王东红教授，在您身上我感受到了热情、细心、周到的照顾与关心。

特别幸运的是，在辽大读书的四年间，学院的其他老师也给予了我许多的帮助，特别感谢陆杰荣教授的好点子、好建议，您就像父亲一样，既慈爱又严厉，不仅让我端正了读书的目的，更为我今后的发展指明了方向。同时，还要感谢邵晓光教授、郭忠义教授、王雅教授、吕梁山教授、叔贵峰教授对我的帮助与关心，每当有问题求助于各位老师的时候，他们都会不吝赐教，真诚地帮助学生进行论文的修改。

还要感谢读书期间一直陪伴我成长的学哥学姐、学弟学妹们，是你们一次次的鼓励，一次次的安慰，让我有了继续的勇气，感谢各位同学在学习、生活上的帮助，你们是我成长历程中不可或缺的一部分。

最后，我要感谢我的父母、公婆，在我读书期间为我所做的一切。还要特别感谢我的爱人阚德慧，是他让我在最无助的时候有了依靠的肩膀，是他让我有了安全感和前进的动力，他是那么的疼爱和关心我这样一个"暴脾气"的爱人，总是那么的温和、平静、细心。还要感谢我的儿子家家，他让我有了平和的心态和努力的信心，无论有多少烦恼和不快，当我看到儿子那无邪的脸庞、天真的笑容、听到儿子那稚嫩的语言，我就会感到自己是多么的快乐和幸福。感谢我的一大家子，祝你们健康快乐、平安幸福！有你们是我最大的幸福与收获。

本书还引用了许多专家学者的学术观点，在此以表谢意。

本书只是我研究伦理道德问题的一个阶段性的总结，也是我研究更高目标的开始。伦理道德问题研究是一个十分重要的课题，为了能更好地适应社会的发展，促进社会主义道德建设，我会争取在这一研究领域取得更大的进展。由于个人能力有限，本书难免有疏漏和不足之处，与各位专家和读者的要求还有一定的距离，我会在今后的工作和学习中加倍努力。诚请各位读者批评指正。

刘　丽

2014 年 3 月 26 日于沈阳师范大学汇文楼